Der intelligente Versager

DETLEF ZÜHLKE

Der intelligente Versager

Das Mensch-Technik-Dilemma

PRIMUS
VERLAG

Die Deutsche Bibliothek verzeichnet diese Publikation in der Deutschen Nationalbibliographie; detaillierte bibliographische Daten sind im Internet über http://dnb.ddb.de abrufbar.

Die Herausgabe des Werkes wurde durch die Vereinsmitglieder der WBG ermöglicht.

Gedruckt auf säurefreiem und alterungsbeständigem Papier

Einbandgestaltung: Jutta Schneider, Frankfurt
Einbandmotiv: Detlef Zühlke, Kaiserslautern
Gestaltung und Satz: Johannes Steil, Karlsruhe

Printed in Germany

www.primusverlag.de

ISBN 3-89678-276-2

Inhalt

Dafür bin ich halt zu blöd ... Der Kampf mit der Technik 7

Mensch und Maschine – Eine gestörte Beziehung 13

Der Krieg der Knöpfe ... Vom Frust mit Alltagsgegenständen 15

You drive me crazy ... Die Freuden des High-Tech-Autos 30

Schraubst du noch oder arbeitest du schon ... Wenn der Computer dich zur Verzweiflung treibt 42

Hier spricht der Automat ... Von unbedienbaren Automaten und anderen Geräten 52

Der Trend zum Zweitbuch ... Die Bedienungsanleitung als Buch mit sieben Siegeln 70

Intelligente Technik für dumme Menschen? – Eine Analyse 77

Der intelligente Versager ... Der Mensch, seine Stärken und Schwächen 79

Wie fühlen Sie sich heute ... Zur Bedeutung von Kultur und Emotionen 117

Ein dummer Kunde ist ein besserer Kunde ... Von Kunden, Märkten und Marketingstrategien 129

Happy end für zwei ungleiche Partner? – Fortsetzung folgt 143

Home, smart home ... Die Zukunft wird „intelligent" 145

Just do it ... Useware-Engineering oder wie man Probleme lösen kann 161

Zurück in die Zukunft ... Ein Ausblick 174

Anhang 178

Glossar 178

Literaturverweise 182

Für Gerda, Daniela, Christina und Stephan

Dafür bin ich halt zu blöd ... Der Kampf mit der Technik 7

„Wenn Sie einen Wunsch an die Technik frei hätten, welcher wäre es?" – „Dass mit jeder technischen Neuerung zugleich auch die Bedienung und Handhabung der Geräte einfacher und benutzerfreundlicher wird."
Wirtschaftsminister W. Clement im FAZ-Interview, 18.4.2000

Dieser Wunsch spricht sicher vielen Menschen aus dem Herzen. Wir erleben seit Jahren eine Entwicklung hin zu immer mehr Funktionalität und damit meistens auch zu mehr Komplexität technischer Geräte. Und dieser Trend scheint sich zu beschleunigen.

Katastrophen wie der Reaktorunfall in Tschernobyl (1986) oder Flugzeugabstürze wie der in Straßburg am Odilienberg (1992) lehren uns immer wieder, dass der Mensch physiologische Grenzen in seiner Informationsaufnahme und -verarbeitung hat, Grenzen, die die Technik berücksichtigen muss. In den letzten Jahren ist sicher in Risikobereichen wie der Zivilluftfahrt oder der Kernenergie eine Menge geleistet worden, um den „Faktor Mensch" besser verstehen zu können und damit die Systeme menschengerechter zu gestalten. Doch in den vielen wenig spektakulären Alltagsbereichen wie Haushalt, Auto scheint der Trend zu bedenkenloser „Funktionalitis" ungebremst zu sein.

Auf Messen wie der CEBIT oder der HOMETECH wird uns gern die Zukunft unseres Alltags demonstriert. Wohin wir auch gehen, wir werden von Computern oder Smart Devices*, wie man mittlerweile zu sagen pflegt, umgeben sein und dies nicht nur im Büro oder an der Werkbank, sondern erst recht in unserem privaten „home, sweet home". Das Zuhause soll zum „smart home" mutieren, in dem alle technischen Geräte sowohl miteinander vernetzt sind, als auch einen Anschluss an globale Netzwerke wie das Internet bieten. Damit kann man nicht nur vom Touchscreen des Kühlschranks die Waschmaschine im Keller abfragen, sondern in letzter Konsequenz auch aus dem Flugzeug über dem Atlantik die Alarmanlage aktivieren oder die Heizung umprogrammieren. „Super", werden einige sagen, doch die breite Masse – und die ist nun einmal für den wirtschaftlichen Erfolg von Produkten unabdingbar – wird sich die Frage nach dem Nutzen und damit auch nach der Benutzbarkeit stellen. Ähnliches werden wir in der Mobilkommunikation erleben. Damit UMTS so erfolgreich wird, dass sich die hohen Basiskosten amortisieren, müssen wir den Menschen nicht nur einen ausreichenden Mehrwert gegenüber der heutigen GSM-Technik bieten, sondern auch die Benutzbarkeit dieser Technik – und dies wiederum für jedermann – sicherstellen.

Verfolgt man die technische Entwicklung über die letzten Jahrzehnte, so kann man daraus – frei nach Maslow (siehe dazu auch das Kapitel „Ein dummer Kunde ist ein besserer Kunde") – eine Bedürfnispyramide ableiten. Auf der untersten Ebene stehen die technischen Funktionalitäten – die „functions of

* Glossarbegriffe sind im Text durch eine unterschiedliche Schriftart hervorgehoben.

use“, die erforderlich sind, damit ein technisches Gerät seine Aufgaben überhaupt erfüllen kann. Hier werden wir sicher nicht umhin können, ein Mehr an Funktionalität als Fortschritt zu akzeptieren, auch wenn dies vielfach fraglich ist. Nachdem die Technik in den 70er-Jahren diese Ebene mehr und mehr ausgereizt hatte und weder die Funktionalität, der Preis noch die Qualität zu entscheidenden Marketingfaktoren wurden, verlegte man sich in den 80er- und 90er-Jahren auf die emotionale Ebene und versuchte sich durch das Design oder die Ebene des „joy of use“ zu positionieren. Diese zweite Ebene der Pyramide war lange Jahre eine Domäne der europäischen Produkte. Doch mittlerweile haben auch hier die fernöstlichen Hersteller nachgezogen und diese Ebene besetzt. Somit wird die dritte Ebene, die der einfachen Benutzbarkeit der Produkte oder des „ease of use“, immer wichtiger für eine erfolgreiche Positionierung neuer technischer Produkte am Markt.

Eng verknüpft mit der Technikentwicklung ist eine Verlagerung der Schwerpunkte im Produktentwicklungsprozess. Stand in den 70er-Jahren noch die Hardwareentwicklung eindeutig im Vordergrund, so verlagerte sich dieser Schwerpunkt mit dem Einzug des Mikroprozessors hin zur Software. Die Software bot erstmalig die Möglichkeit, Funktionalitäten nahezu kostenfrei zu vervielfältigen. Doch die damit möglich gewordene enorme Zunahme der Softwarefunktionalitäten führte sowohl im Entwicklungsprozess als auch bei den Nutzern zu immer größeren Problemen. Der Begriff der *Softwarekrise* machte Anfang der 80er-Jahre die Runde. Einen Ausweg aus dieser Krise wies die im letzten Jahrzehnt stark zunehmende Standardisierung in der Hard- und Software. Der PC mit seinen damit verbundenen Standards wie Windows, VGA, USB etc. führte zu einer deutlichen Senkung der Entwicklungskosten wie auch der inneren Komplexität vieler Produkte.

Mittlerweile bekommen wir auch hier eine dritte Ebene: die der Gestaltung der Bedienoberfläche oder besser ausgedrückt des Bediensystems. Untersuchungen großer deutscher Unternehmen belegen, dass bis zu 70 Prozent der Software-Entwicklungskosten für die Entwicklung einer nutzergerechten Mensch-Maschine-Schnittstelle anzusetzen sind. Blickt man zurück auf die *Softwarekrise*, so wäre es heute angebracht, von einer *Bedienkrise* zu sprechen und ebenfalls über Lösungsmöglichkeiten wie etwa die Einführung von Standards oder aber menschengerechteren Interaktionstechniken nachzudenken.

Um die Dimension dieser neuen Herausforderung zu verdeutlichen, bietet es sich an, neue Begrifflichkeiten zu etablieren. So wurde bereits 1998 der Begriff „Useware" in sprachlicher Analogie zur Hard- und Software eingeführt als Sammelbegriff für alle Hard- und Softwarekomponenten sowie Entwicklungsmethoden, die der Benutzung dienen. Auf dem Gebiet der Useware-Entwicklung sind in den letzten Jahren eine Reihe von Fortschritten erzielt worden. International tätige Unternehmen haben die Bedeutung der Useware erkannt und entsprechende Entwicklungsmethodiken und Usability-Untersuchungen in den Produktentwicklungsprozess integriert. Viele klein- und mittelständische Unternehmen tun sich hier hingegen sehr schwer und suchen nach wie vor ihr Heil in einer ausufernden Funktionalitis.

Hat man früher durchaus einfache mechanische Problemlösungen gefunden, so scheint heute kein Weg an der Mikroelektronik vorbeizuführen. Würde man heute eine High-Tech-Sicherheitsnadel konzipieren, müsste sie wahrscheinlich mindestens drei Motoren, zwei Batterien und einen Mikroprozessorchip enthalten. Sie würde mit einer umfangreichen Bedienungsanleitung ausgeliefert und man könnte sie wahrscheinlich gleichzeitig auch als Wecker und Radio verwenden.

Eine neue Technikära Mit Beginn des neuen Milleniums stehen wir an der Schwelle zu einer neuen Ära der Technik. Glaubt man den Experten, so wird uns das so genannte Pervasive oder Ubiquitous Computing viele kleine computerbasierte Geräte bescheren, die unbemerkt und permanent vernetzt sind und uns so den mobilen und jederzeitigen Zugriff auf weltweite Datenbestände erlauben. Diese Geräte werden immer mehr Gerätschaften unseres täglichen Lebens durchdringen, sie werden in Kühlschränken, Radios und langfristig auch in unserer Kleidung integriert sein. Doch sollten wir uns bewusst sein, dass der für unsere Volkswirtschaft wichtige Markterfolg dieser Techniken nur dann zu erzielen sein wird, wenn wir die Nutzbarkeit für den Menschen in den Mittelpunkt stellen.

Das Problem lässt sich freilich nicht auf die technische Dimension reduzieren. Wenn wir von Mensch-Maschine-Interaktion sprechen, dann müssen wir beide Partner: die Maschine (Maschine ist hier als feststehender Sammelbegriff gebraucht, um technische Systeme allgemein zu benennen) und den Menschen betrachten. Wir können das technische System nur dann optimal für einen Nutzer gestalten, wenn wir den Nutzer mit seinen Fähigkeiten, Grenzen und Wünschen kennen. Und dazu brauchen wir natürlich den Nutzer. Doch der liebt es offenbar viel mehr, sich mit schlecht gemachter Technik abzufinden und sich selbst auch noch die Schuld an seinem Versagen zu geben. „Dafür bin ich halt zu blöd …“, hört man immer wieder von Menschen, die mit der Technik nicht zurechtkommen. Hier bedarf es offenbar eines grundsätzlichen Sinneswandels. Wir brüsten uns gern mit unserer Unfähigkeit in Mathematik, Physik oder eben der Bedienung technischer Geräte, während es uns im Gegenzug peinlich wäre, im gleichen Brustton der Überzeugung verkünden zu müssen, dass wir von deutscher Grammatik keine Ahnung haben und also keinen vernünftigen Satz zustande bringen.

Es wird höchste Zeit, dass sich der Mensch als das Maß der Dinge in der Technikgestaltung begreift und von der Industrie verlangt, dass die in der Werbung meist vollmundig angepriesenen Geräte auch für den Durchschnittskunden bedienbar sind. Und wo dies nicht der Fall ist, sollte man darin einen ebenso erheblichen Produktmangel sehen, wie es abbrechende Knöpfe oder verbeulte Gehäuse sind.

Dieses Buch möchte einen Beitrag zu diesem Bewusstseinswandel liefern. Es will nicht belehren, sondern aufzeigen; und dies in unterhaltsamer und allgemeinverständlicher Form. Es will aber nicht nur auf die Probleme hinweisen, sondern auch nach möglichen Lösungen suchen.

Das Buch gliedert sich in drei Hauptteile. In Teil 1 geht es um typische Probleme bei der Nutzung von technischen Geräten, z. B. in den Bereichen Haushalt, Automobil und Computer. Im zweiten Teil frage ich nach den Ursachen für all diese Probleme. Der Mensch mit seinen Fähigkeiten und Grenzen spielt hier eine Hauptrolle, aber auch kulturelle Einflüsse. Schließlich komme ich auf das Thema Marketing, welches letztlich mitverantwortet, welche Produkte mit welchen Funktionen auf den Markt kommen. In Teil 3 möchte ich dann den Blick nach vorn richten und ein Zukunftsszenario entwerfen: Was erwartet uns in den nächsten Jahren an möglichen Innovationen? Und: Gibt es Wege aus der Bedienkrise?

Abschließend möchte ich den vielen Helfern danken, die mich bei der Erarbeitung dieses Buches unterstützt haben. Besonders erwähnen möchte ich Frau Nancy Thiels und Herrn Dirk Ziegeler, die mich bei der Erstellung des Manuskripts unterstützt haben, sowie Frau Regine Gamm vom Primus-Verlag, die mir immer wieder „die Brille des Lesers aufgesetzt" und mit ihren wertvollen Hinweisen zum Gelingen dieses Buches beigetragen hat.

Mensch und Maschine
– Eine gestörte Beziehung

Wir wünschen uns Telefone, die man ohne ein Ingenieur- oder Programmiererstudium bedienen kann.

(Fromme) Wünsche zum Jahreswechsel, Die Zeit, 31.12.03

Nach fünf Stunden Flug und zwei Stunden Verspätung sind wir am Urlaubsziel. Kurz noch die notwendigsten Sachen ausgepackt und dann ins Bett. Ausschlafen können ohne Wecker! Doch nach kurzem Schlaf bohrt sich ein kaum wahrnehmbares Piep-Piep ... erst in meine Ohren und dann immer tiefer in mein Gehirn. Ich versuche es mit Ignorieren, dann mit der Suche nach einer beruhigenden Erklärung. Schließlich stehe ich auf und begebe mich auf die Suche nach dem Störenfried. Nach einigem Herumwandern entdecke ich, dass es in einem Koffer piept: der kurz vor dem Urlaub neu gekaufte Weltempfänger. Ein tolles Gerät mit 23 Wellenbereichen, Doppelsupertechnik, Digitalabstimmung und offenbar auch mit einem eingebauten Wecker, dem Punkt Mitternacht einfällt, seine Dienste anzutragen. Da mir schlaftrunken und ohne Brille keine bessere Lösung einfällt, nehme ich die Batterien raus – endlich Ruhe.

Am nächsten Morgen betrachte ich das Gerät näher: viele winzige Knöpfe mit hieroglyphischen, natürlich englischen Beschriftungen. Auf einem steht TIMER/ALARM. Als ich draufdrücke, blinkt im Display die Anzeige 00:00, aber alle Versuche einer weiteren Einstellung scheitern kläglich. Wohlweislich habe ich die Bedienungsanleitung – neudeutsch „Manual“ – eingepackt. Nach seitenlangem Blättern durch das englische, französische und spanische „Manual“ finde ich schließlich die deutsche Beschreibung. Und siehe da: Man muss nur die Taste SET länger als zwei Sekunden drücken, dann mit der Taste TIMER/ALARM entweder die Timer- oder die Alarm-Einstellung wählen und dann mit den +/- Tasten der Senderabstimmung die Zeit einstellen. Aber was war in der Nacht passiert? Im voll gepackten Koffer wurde wohl die TIMER/ALARM-Taste gedrückt und so der Wecker eingeschaltet. Da ich keine Zeit einprogrammiert hatte, stand die Alarmzeit auf 00:00 und weckte mich um Mitternacht.

Tja, so kann es einem gehen, seit in nahezu jedem elektronischen Gerät auch ein Wecker eingebaut ist. Haben Sie schon mal die Anzahl Ihrer Uhren mit Wecker/Timer im Haus gezählt? Ich komme auf stattliche 21! Angefangen bei der Heizung, der Rollladensteuerung, diversen Steckdosenschaltuhren, über den Backofen und die Mikrowelle bis hin zu den ganz normalen Uhren mit Weckern, die wir z. B. am Handgelenk tragen. Und bei vielen dieser Geräte muss man sich fragen, wieso braucht man eigentlich einen Wecker darin? Ganz einfach, ein Wecker ist ein mehr an Funktionalität und verleitet den Käufer dazu, lieber dieses offenbar besser ausgestattete Gerät zu wählen als eines, das diese Funktion nicht hat. Wenn eine Weckfunktion bei nahezu allen Geräten Standard ist, würde ein Weglassen der Funktion aus der Sicht des Marketings natürlich zu einem Produktnachteil führen. Wenn ich mir meine Geräte allerdings anschaue, nutze ich allenfalls bei einem Viertel die Weck- oder Timerfunktion. Dafür irre ich weiterhin bei jeder Winter-Sommerzeitumstellung durch die Wohnung und versuche mich daran zu erinnern, wie ich jeweils die Zeit umstellen kann (ein Loblied auf die segensreiche Erfindung der Funkuhr).

Und schon wartet das nächste Problem: Für eine einfache Tätigkeit wie das Umprogrammieren der Zeit einer Schaltuhr scheint jedem Entwickler eine neue Variante einzufallen. Mal muss man eine SET-Taste gemeinsam mit einer UP/DOWN-Taste drücken, mal zuerst die SET-Taste länger als zwei Sekunden gedrückt halten. Oder man muss sich erst durch ein Menü hangeln, in dem dann an einer tief versteckten Stelle die Einstellung der Uhrzeit vorgenommen werden kann. Dabei werden die Tasten immer kleiner und die Beschriftungen immer unverständlicher.

Technik im Alltag Vor einigen Jahren habe ich drei beliebige elektronische Steckdosen-Schaltuhren (siehe Abb. 1) gekauft, wie man sie für alles Mögliche von der Licht- bis zur Aquariensteuerung verwendet. Diese simplen Geräte des alltäglichen Gebrauchs hat ein Student in einer Studienarbeit 16 Testpersonen in die Hand gegeben mit der einfachen Aufgabe, ein bestimmtes Schaltprogramm mit lediglich einer Einschaltzeit für die Arbeitstage und einer anderen Einschaltzeit für das Wochenende einzuprogrammieren. Das Ergebnis war ernüchternd. Die Probanden benötigten bei der am schlechtesten bewerteten Schaltuhr (auf Abb. 1 das linke Modell) sage und schreibe zwischen 11 und 15 Minuten für diese simple Aufgabe. Und auch bei der am besten bewerteten (Abb. 1 rechts) waren es noch zwischen vier und sechs Minuten.

Die Testpersonen konnten zunächst nicht auf die daumenkinogroßen Bedienungsanleitungen zurückgreifen. Weitere Tests zeigten jedoch, dass sich die Gesamtzeit auch mit Bedienungsanleitung nicht grundlegend veränderte. Die Bedienzeit wurde zwar leicht verkürzt, aber das Suchen und Lesen in der

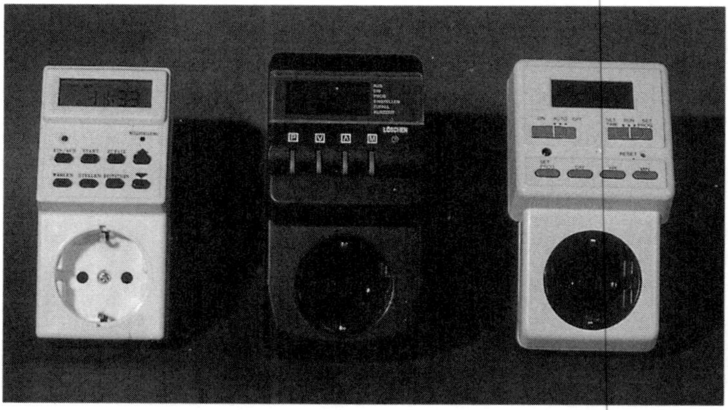

18 ABB. 1 Elektronische Zeitschaltuhren, wie sie wahrscheinlich jeder kennt.

Anleitung kostete dafür umso mehr Zeit. Positiv war bei einer Schaltuhr, dass eine Kurzbedienungsanleitung auf der Geräterückseite aufgedruckt war. Die relativ guten Werte der bestbewerteten Uhr stehen sicher auch damit in Zusammenhang.

Wer sehnt sich da nicht nach den alten elektromechanischen Schaltuhren (siehe Abb. 2) zurück, die zwar keine „eierlegende Wollmilchsau“ an Funktionalität darstellen, dafür aber einfachst zu bedienen sind. Hier brauchten die Testpersonen im Schnitt nur 20 Sekunden für die richtige Einstellung. Als Kunde fragt man sich, wieso sich die Industrie nicht auf einige wenige Grundprinzipien der Handhabung elektronischer Geräte wie z. B. eine einheitliche Zeiteinstellung einigen kann.

Ein anderes Beispiel kommt aus dem Bereich der Unterhaltungselektronik. Auch Fernsehgeräte haben die gute Eigenschaft, irgendwann kaputt zu gehen und so den Weg frei zu machen für neue Errungenschaften der Technik, etwa den flachen LCD-Fernseher. Nun sind diese neuen Geräte nicht mehr mit einem Empfangsteil sprich Tuner ausgestattet, da das

ABB. 2 Mit dem runden Ziffernblatt dieser elektromechanischen Zeitschaltuhr assoziiert man unschwer die Funktion der Zeiteinstellung.

ja für das heimatliche „Home Cinema“ viel zu einfach wäre. Also schließe man das Ganze an einen digitalen Satellitenreceiver an und verbinde dann auch noch den schon vorhandenen Videorecorder mit dem Rest. Nun gewöhne man sich noch an drei unterschiedliche Fernbedienungen und schon kann es losgehen.

Zunächst muss man am Fernsehmonitor einen von fünf Eingängen auswählen, dann die Lautstärke entweder am Satellitenreceiver oder am Fernsehmonitor einstellen, einen von 70 Sendern auswählen und kann sich dann des wirklich klaren Bildes erfreuen. Aber wehe, man will eine Sendung aufzeichnen und anschließend wiedergeben. Es kann Stunden dauern, bis die richtige Kombination der Ein- und Ausgänge sowie der Kanal- und Timereinstellungen gefunden ist. Das wahre Desaster kommt, wenn man den Camcorder anschließen will, um einen Film anzuschauen und anschließend auf eine Videokassette zu überspielen. Bei direktem Anschluss an den Fernseher konnten wir zwar den Film sehen, aber natürlich nicht aufzeichnen, bei

Anschluss am Videorecorder konnten wir offenbar aufzeichnen, aber der Fernsehbildschirm blieb blau. Und die dicken mehrsprachigen Bücher, die alles glasklar erklären sollten, taugten leider nur als „koreanische Regalfüller“ und nicht als Bedienungsanleitung. Ach ja, ich vergaß den Rechneranschluss, den heute jedes Gerät einfach haben muss. Natürlich kann man auch einen Computer sowohl an den Bildschirm als auch an den Satellitenreceiver anschließen. Denn der Kunde soll natürlich, während er fernsieht, auch surfen können.

Auch in diesem Beispiel wird deutlich, dass die Industrie offenbar in jedem Kunden einen absoluten High-Tech-Freak vermutet, der gar nicht genug Eingänge, Schaltmöglichkeiten und Fernbedienungen haben kann und sich mit Begeisterung durch dicke Bedienungsanleitungen liest. Und der Kunde tut ihr offenbar auch den Gefallen und kauft am liebsten das Gerät, das die meisten Funktionen fürs Geld verspricht.

Vor einigen Jahren hat ein großer Konzern der Unterhaltungselektronik in einer Marktstudie herausgefunden, dass die Funktionalität von Videorecordern zu circa 80 Prozent das Kaufverhalten beeinflusst, während die gleichen Kunden nach einigen Wochen des Gebrauchs nur noch circa 20 Prozent der Funktionen nutzten. In den letzten Jahren verliert die Technik zwar zugunsten der Markenbindung und des Designs an Bedeutung, aber wenn unterschiedliche Markengeräte mit einem ansprechenden Design im Regal nebeneinander stehen, wird die Funktonalität wieder zu einem kaufentscheidenden Faktor.

Analysiert man die Technikentwicklung in unterschiedlichsten Bereichen, so wird deutlich, dass sie in mehreren Phasen verläuft. Am Anfang steht eine technische Innovation, die zwar viele Vorteile verspricht, aber zunächst für die breite Masse der Kunden schlecht nutzbar und meist auch zu teuer ist. Aus den Erfahrungen, die wenige Spezialisten damit machen, kristallisieren sich dann die Bedürfnisse der breiten Masse heraus. Hierauf reagiert das Marketing und bringt Produkte auf den Markt, die möglichst genau auf die jeweilige Zielgruppe oder Zielgruppen zugeschnitten sind. Ein gutes Beispiel dafür ist die Entwicklung der Fotografie.

Vielleicht haben Sie noch eine wirklich alte Kamera von ihrem Opa oder Uropa geerbt. Aber haben Sie die schon einmal benutzt? Wahrscheinlich nicht, es wäre Ihnen wohl auch nicht gelungen. Filme gab es damals nur als Einzelplatten, die man vor dem Fotografieren in der Dunkelkammer in Kassetten laden musste. Diese Kassetten wurden dann beim Fotografieren Aufnahme für Aufnahme an der Kamera befestigt. Jeweils zwischen den Aufnahmen wurde eine spezielle Kassette mit einer Mattscheibe eingelegt, darüber konnte man dann den Ausschnitt festlegen und die Schärfe einstellen. Und damit sich beim Kassettenwechsel nichts veränderte, stand die Kamera auf einem Stativ und die Personen davor mussten so lange unbewegt die Pose halten, bis die Kamera mit der Filmkassette einsatzbereit war. In dieser Frühphase der Technologie fand die Nutzung aufgrund des schwierigen Umgangs mit der Technik nur durch einige wenige statt. Der Normalbürger besaß keine Kamera, man ging stattdessen zum Fotografen oder ließ ihn kommen.

Die Technik wurde mit der Zeit einfacher; man erfand die konfektionierten Filmrollen, bei denen man zunächst den Rollfilm mit 12 und später die Kleinbildpatrone mit 36 Aufnahmen bald an jeder Ecke kaufen konnte. Damit entfiel die aufwändige Filmhandhabung. Aber man musste immer noch das Licht messen oder schätzen sowie Verschluss, Blende und Entfernung einstellen, um ein Foto zu machen.

Der nächste Meilenstein kam 1960, als mit der Rolleimagic die erste Kamera mit belichtungsgesteuerter Verschlussautomatik auf den Markt kam. Damit brauchte man nur noch die Entfernung einstellen und abdrücken. Diese Kamera war allerdings nicht nur zu teuer für die breite Masse, sondern auch zu groß, zu schwer und damit zu unhandlich. So verwundert es nicht, dass bereits 1963 eine vollkommen neue Art von Kamera auf den Markt kam, die, technisch auf das Wesentliche reduziert, einfach nur „shoot-and-klick" erlaubte.

Die KODAK Instamatic Kameras waren preiswert und erforderten gar keine Einstellungen mehr. Ein neuer Kassetten-Film zusammen mit den damals revolutionären Blitzwürfeln führte erstmalig zu dem Ziel, eine preiswerte Kamera für alle zu bauen. Leider bewahrheitete sich damit aber auch der alte Satz von Albert Einstein: „Alles sollte so einfach wie möglich gemacht werden. Aber nicht einfacher." Die Kameras waren zu einfach geworden. Die Objektivqualität war schlecht, eine Belichtungssteuerung gab es, wenn überhaupt, dann nur in einfachster Ausführung und das Plastikgehäuse wirkte billig.

Das Entscheidende war vielleicht, dass sich damit zwei Zielmärkte herausbildeten: Einerseits die relativ kleine Gruppe der Fotografie- und Technikbegeisterten, für die in den Folgejahren immer komplexere und bessere Spiegelreflexkamerasysteme mit immer mehr Technik entwickelt wurden, und andererseits die riesige Gruppe derer, die „einfach" nur gute Fotos machen wollten, ohne über die Technik nachzudenken. Diese Gruppe wollte mehr Automatik und nicht mehr Knöpfe.

Ein wichtiger Schritt in diese Richtung war 1978 die Markteinführung der ersten Autofocuskamera. Damit waren scharfe Fotos ohne manuelle Scharfstellung möglich. Und als dann wenige Jahre später noch der Filmtransport automatisiert wurde, war der Siegeszug der „Automatikknipsen" nicht mehr aufzuhalten. Immer mehr Hersteller boten zu immer geringeren Preisen solche Fotoapparate an. An diesem Massenmarkt kamen schließlich auch die traditionellen Edelhersteller nicht vorbei und produzierten eine Reihe von „Edelminis", die auf Prestige und Design als Hauptmarketingmerkmal setzten.

Dann kam das Jahr 1991 und das Digitalzeitalter brach auch in der Fotografie an. Und wie immer bei solchen Technologiesprüngen stehen zunächst die „Technikfreaks" im Visier der Entwickler und Marktstrategen. Da wird mit Megapixeln, Motiv- und Nachtprogrammen, aktivem Multizonenfocus und all den anderen Funktionen geworben, die man angeblich nutzerfreundlich über das Bildschirmmenü mittels dreier reiskorngroßer Minitasten anwählen kann. Doch was will die Mehrzahl der Nutzer? Fotografieren, ohne groß darüber nachzudenken, sonst nichts! Die Industrie hat in diesem Zuge noch eine weitere Hürde errichtet. Während man früher seinen Film beim Händler oder mittlerweile jedem Supermarkt in die Tüte steckte und einen Tag später seine Fotos bekam, muss man heute die digitalen Speicherkarten entweder zu Hause oder beim Händler in einen Computer schieben und sich wiederum durch viele Menüs kämpfen, um zu seinen Fotoabzügen zu kommen. Wieso hat man den digitalen „Film", sprich die Speicherkarte nicht wie einen normalen Film behandelt? Auch hier wird man die Lektion des Massenmarktes wohl noch lernen müssen und die Technik vereinfachen.

Technik im Haushalt Die Küche ist längst ein High-Tech-Standort. Eine Herdplatte nur ein- und ausschalten zu können, stellt schließlich keinen Fortschritt dar. Also braucht man auch hier eine Schaltuhr sowie mehrere Koch- und Backprogramme. Man stellt die Kartoffeln auf die eine Herdplatte, das Gemüse auf die andere, der Fisch kommt in die Backröhre. Nun programmiert man in der zentralen Schaltuhr die Einschaltzeiten, Kochtemperaturen und Ausschaltbedingungen für jede Platte respektive die Backröhre ein und schon kann man sich einen schönen Tag machen. Wenn man nach Hause kommt, ist das Essen pünktlich servierfertig. So verkauft uns das jedenfalls die Werbung. Doch wer kommt damit zurecht? Viele Hausfrauen oder -männer sicher nicht. Und ob tatsächlich nichts überkocht oder anbrennt, ist dann noch die Frage.

Ein weiteres Beispiel aus dem Hausgebrauch sind Waschmaschinen. Früher hatten die nur eine Öffnung, in die man Wasser, Waschpulver und Wäsche gab. Man stellte mit einem Knopf die gewünschte Waschtemperatur ein und wartete circa eine halbe Stunde, bis das Wasser heiß war. Dann kam die Wäsche hinein und man wählte an einem zweiten Knopf die Waschzeit, die dann mit einem schnarrenden, mechanischen Uhrwerk rückwärts lief. Nach Ablauf der Zeit musste man die Lauge ablassen, mehrfach spülen und schließlich die nasse Wäsche trocken wringen. Das Ganze kostete viel Zeit und sicher auch körperliche Kraft. Doch dann kam der Fortschritt. Und mit ihm in den 70er-Jahren die Energiekrise, die uns bewusst machte, dass Strom nicht beliebig aus der Steckdose kommt. Die Umweltbedenken gegenüber Waschmitteln, wie sie in den 80er-Jahren immer deutlicher geäußert wurden, verlangten ebenfalls nach neuen Lösungen. Und da in den 80er-Jahren die Mikroelektronik getrieben durch die neuartigen Mikroprozessoren der Problemlöser schlechthin war, konnte man bald aus 20 Waschprogrammen wählen, energiesparend oder normal waschen, mit hohem oder niedrigem Waschmittelanteil oder die Wäsche mehr oder weniger stark schleudern. Alle Funktionen konnte man über Bedienfelder mit vielen Knöpfen und Leuchtanzeigen anwählen, die von Ingenieuren gemacht wurden, die selbst wohl nie für die Wäsche verantwortlich waren. So stellte ein großer Hausgerätehersteller, der von sich behauptet, „aus Erfahrung gut“ zu sein, Anfang der 90er-Jahre erstaunt fest, dass sein Marktanteil an Waschmaschinen deutlich rückläufig war. Also machte man etwas völlig Ungewöhnliches, man befragte die Kunden.

Und siehe da, die Kunden brandmarkten vor allem die zu unübersichtliche Bedienung der Waschmaschinen. Nun ging der Hersteller dazu über, eine Benutzbarkeitsuntersuchung – eine so genannte Usability-Studie – in einem entsprechend ausgerüsteten Labor durchzuführen. Hier holte man circa 30 freiwillige Testwäscherinnen und Testwäscher vor die Maschinen, gab ihnen eine standardisierte Aufgabe vor und beobachtete sie bei ihrer Vorgehensweise. Das Ganze wurde per Video aufgezeichnet und nach dem Test mit den Probanden besprochen. Einige der Probanden hat man dann noch das gleiche Versuchsprogramm mit der absatzstärksten Konkurrenzmaschine durchführen lassen. Und siehe da, bei dieser Maschine waren die Fehlerraten und auch Bedienzeiten deutlich geringer. Mit den Erkenntnissen aus diesen Usability Tests war man in der Lage, eine neue Generation von Waschmaschinen zu entwickeln, die zu einer deutlich höheren Kundenzufriedenheit führte. Was lernen wir daraus? Gestalte die Geräte aus der Sicht der Kunden und nicht aus der der Entwicklungsingenieure.

Auch in der Welt der Hauselektrik vollzieht sich bereits seit einigen Jahren nahezu unbemerkt ein wichtiger Wandel. Während man früher den Strom baumartig vom Hausverteilkasten bis zu den Steckdosen, Lampen und Haushaltsgeräten führte, werden in vielen Neubauten bereits Installationsnetzwerke eingebaut. Ein Beispiel: Statt den Strom einer Lampe direkt über den Lichtschalter einzuschalten, gibt dieser nun vollelektronische Schalter einen Einschaltbefehl über ein Bussystem an den zentralen Steuercomputer, der aktiviert ebenfalls über das Netzwerk die Lampe, die dann (hoffentlich) leuchtet. Wieso so kompliziert? Einfach deswegen, weil Sie damit Dinge machen können, die vorher nicht möglich waren. Zum Beispiel können Sie am Steuercomputer programmieren, dass nach 22 Uhr das Außenlicht automatisch eingeschaltet wird, dafür die Aquarienbeleuchtung ausgeht und sämtliche Oberlichter geschlossen werden. Und wenn Sie verreisen, teilen Sie dem Computer einfach mit, wie lange Sie weg sein werden, und schon schaltet er während ihrer Abwesenheit die Lampen zufallsgesteuert ein und aus. Damit das funktioniert, muss das Bussystem natürlich erst einmal eingebaut werden. Und das macht gemeinhin ein Elektriker. So lief es auch im Neubau meines Nachbarn. Doch als dann plötzlich nachts die Oberlichter öffneten und tagsüber einige Lampen nicht mehr angingen, war kluger Rat im wahrsten Sinne „teuer". Nun war der arme Elektriker überfordert und ein Systemspezialist musste her. Dieser programmierte Einiges um, und noch einmal und noch einmal, bis schließlich eine gewisse Stabilität in den Neubau einzog.

Der Absatz dieser neuen Bustechnik ist aufgrund der höheren Preise zumindest im Bereich des privaten Bauens nach wie vor unbefriedigend. Also muss ein Hersteller, der viel Geld in die Entwicklung investiert, nach neuen Marketingwegen suchen. Da der Preis nicht so einfach nach unten zu drücken ist, bleibt wie immer die Funktionalität. Die Industrie möchte daher einen weitaus besseren oder zumindest besser erkennbaren Mehrwert dieser Technik herausstellen. Also schließt man auch sämtliche Hausgeräte an diesen Bus an. Dann kann der Kunde aus dem Bad den Status der Waschmaschine im Keller abfragen oder die Heizung auf Partybetrieb umschalten. Und mit einem ebenfalls erhältlichen Internet-Router können Sie Ihr Hausnetz mit dem Internet verbinden. Das macht die Sache natürlich noch komplizierter und erfordert den Kauf neuer Geräte. Obwohl diese Technik heute schon auf dem Markt ist,

ist die Akzeptanz noch sehr zögerlich. Einige gutbetuchte High-Tech-Anbeter springen auf den Zug zwar auf, die breite Masse steht dem jedoch eher abwartend gegenüber.

Aber der Zug lässt sich nicht aufhalten, die Systeme werden preiswerter werden, die Elektriker werden lernen, damit umzugehen und die Kunden werden den einen oder anderen Vorteil schätzen lernen.

Der Nutzer Das kleine Waschmaschinenbeispiel hat gezeigt, dass eine Einbindung des Nutzers in den Entwicklungsprozess offenbar große Vorteile bringt. Doch so einfach sich das anhört, so schwierig und aufwändig ist das in der Praxis. Denn *den* Nutzer gibt es nicht, vielmehr hat man es – insbesondere im Konsumgüterbereich – mit vielen unterschiedlichen Nutzertypen zu tun. Ein Hersteller muss davon ausgehen, dass ein Videorecorder nicht nur von High-Tech-Kids benutzt wird, sondern eben auch von den Medium-Tech-Eltern oder den Low-Tech-Großeltern. Eine Studie, die das Institut für barrierefreie Gestaltung und Mobilität in Mainz im Jahr 2003[1] durchführte, belegt dies sehr deutlich. In dieser Studie hat man mehrere hundert Menschen im Alter zwischen 50 und 80 Jahren befragt, wie gut sie mit technischen Geräten im Haushalt zurechtkommen. Das Ergebnis ist wenig verwunderlich. Den mit Abstand schlechtesten Wert erreichte der Videorecorder bzw. DVD-Player. Hier gaben 40 Prozent der Befragten an, damit nicht zurechtzukommen. Auf Platz zwei folgte mit 17 Prozent der Staubsauger und auf Platz drei mit 16 Prozent die Stereoanlage. Nach den Gründen der schlechten Benutzbarkeit befragt, antworteten 64 Prozent, dass die Bedienungsanleitung mangelhaft sei, 56 Prozent störten sich an den unleserlichen Beschriftungen und 53 Prozent fanden die Bedienung zu kompliziert.

In Anbetracht des anstehenden demografischen Wandels in unserer Gesellschaft ist dies ein sehr bedenkliches Bild. Dabei ist das Problem keineswegs ausschließlich ein Altersproblem. Die Erfahrungen mit Usability-Untersuchungen im Investitionsgüterbereich machen immer wieder deutlich, dass die Probleme zumindest in der typischen Phase der Berufstätigkeit, also im Alter zwischen 20 und 60, nur wenig mit dem Alter korrelieren. Offenbar haben alle Altersklassen Probleme mit schlecht gestalteten Geräten. Allerdings sind die Älteren eher bereit, sich selbst als das Problem zu sehen, während die Jüngeren unbefangener an die Geräte herangehen und sich eher spielerisch damit auseinander setzen.

Aber man kann es ja auch besser machen. Und so möchte ich abschließend noch einmal auf das Beispiel der Schaltuhren zurückkommen. Bei der elektromechanischen Schaltuhr (Abb. 2) ist die Funktion offensichtlich. Die runde Anordnung der Uhrzeiteinstellung zusammen mit der uhrentypischen Beschriftung erinnern an ein Zifferblatt – man assoziiert unschwer, dass hier die gewünschte Uhrzeit einzustellen ist. Und die Schaltreiter sind ebenso offensichtlich in ihrer Funktion erkennbar.

Anders bei den elektronischen Geräten, hier sind zunächst einmal keine Ähnlichkeiten zu Uhren offensichtlich. Der Bedienteil könnte genauso gut zu einem CD-Player oder einem Mini-Radio gehören. Keine Knopfform, -größe oder -anordnung deutet auf eine bestimmte Funktion hin. Und die Displays sind – wohl aus Kostengründen – auf das absolute Minimum reduziert. Somit wird der Benutzer gezwungen, auf der wissensbasierten Handlungsebene herauszufinden, welche Knöpfe für welche Funktionen und damit für seine Zielerreichung zu drücken sind. Und diese „Trial-and-error"-Vorgehensweise kostet – wie die Tests bestätigt haben – Zeit und Nerven.

Bediensysteme sollten so gestaltet sein, dass sie die menschlichen Fähigkeiten möglichst gut nutzen. Der Mensch erkennt Formen, Farben, Zeichen und Bilder. Wieso sind dann alle Knöpfe eckig und grau? Der Mensch hat ein Informationsbedürfnis und viele seiner Handlungen setzen ein Feedback über die Handlungsfolgen voraus, wieso wird ihm dann der Status des Gerätes nicht angezeigt? Der Mensch kann sich selten mehr als sieben Informationseinheiten merken, wieso bietet man ihm dann Menüs mit 17 Auswahlmöglichkeiten an?

30 You drive me crazy … Die Freuden des High-Tech-Autos

Neulich flog ich nach Italien, um dort eine Firma in einem etwas abgelegenen Ort zu besuchen. Am Flughafen angekommen, holte ich einen Mietwagen ab. „Glück gehabt", dachte ich noch, als ich statt des bestellten Mittelklassewagens eine edle Luxuskarosse deutschen Ursprungs zugeteilt bekam.

Also einsteigen und losfahren. Doch wie stellt man hier den Sitz ein? Und wie die Spiegel? Nach zehn Minuten war ich startklar. Nun dröhnten aber leider italienische HipHop-Klänge dermaßen laut aus dem Radio, dass ich beschloss, zunächst eine angenehmere Musik einzustellen. Wobei mir auffiel, dass das Radio nicht nur ein Radio war, sondern auch ein Navigationssystem. „Prima", sagte ich mir, „da kannst du dich ja komfortabel zu deinem Ziel führen lassen." Die Navigationsabteilung begrüßte mich mit einem italienischen Text – leider spreche ich kein Italienisch. Also suchte ich mich durch die italienischen Menüs, um diesen Zauberkasten auf eine verständliche Sprache umzuprogrammieren. Nach weiteren erfolglosen zehn Minuten beschloss ich, den Weg selbst zu suchen. Was mir dann auch gelungen ist – trotz des unbedienbaren Tempomaten und einer penetranten italienischen Textmeldung im Display des Bordcomputers.

Es war einmal, da gab es noch eine Insel der bedienbaren Glückseligkeit – das Auto. Man konnte in jedes Auto einsteigen und wusste als Autofahrer fast intuitiv, wie man Gas gibt, bremst, lenkt und das Licht einschaltet. Das war sicher nicht immer so. Wer wie ich ein Oldtimer-Liebhaber ist, weiß, dass das automobile Zeitalter mit technikverliebten Fahrmaschinen begann, bei denen man höchst komplizierte Sachen wie etwa den Zündzeitpunkt oder das Gemisch im Vergaser noch selbst einstellen musste. Doch als das Auto zum Massenprodukt wurde, haben die Produzenten vollkommen richtig erkannt, dass der typische Autokäufer einfach nur zuverlässig von A nach B kommen will.

So hat man über viele Jahrzehnte eine ganze Reihe von Automatisierungstechniken entwickelt, die die komplexen Abläufe im Inneren dem Fahrer gegenüber verbargen. Bei amerikanischen Autos etwa ist nahezu alles automatisiert und das Mensch-Maschine-Interface auf das absolute Minimum reduziert. Automatikgetriebe, automatische Lichteinschaltung bei Dunkelheit oder eine Klimaautomatik lassen den Vergleich zum Autoscooter aufkommen und eine zentrale Lampe mit „check engine" (Motor kontrollieren) ersetzt offenbar die vielen „Öldruck-Öltemperatur-und-sonst-was"-Anzeigen in deutschen Armaturenbrettern ausreichend gut. Ein Musterbeispiel für diese Strategie ist das ABS (Anti-Blockier-System). Hier wurde eine höchst komplexe Technik in das Fahrzeug eingebaut, doch der Kunde bemerkt davon in der Regel nichts. Er kann keine Einstellungen vornehmen, sich keine Bremsparameter anzeigen lassen, ja er kann es noch nicht einmal ein- und ausschalten.

Auch beim Auto gab und gibt es aber die zu dieser Automatisierung gegenläufige Entwicklung der Multifunktionalität, in der der Autofahrer als Nutzer alles Mögliche einstellen kann bzw. – je nach Standpunkt – zu seinem Verdruss selbst einstellen muss. Am Anfang stand das Radio, das immer mehr Funktionen bekam, die von den Designern so gut versteckt wurden, dass man heute ein dickes Buch konsultieren muss, um Sender zu programmieren oder die hinteren Lautsprecher leiser zu stellen. Dafür kann man die Titelreihenfolge seiner Lieblings-CD programmieren oder die Skalenbeleuchtung von rot auf grün ändern. Und da die Frontplattengröße eines Autoradios seit den 60er-Jahren gleich geblieben ist, musste man auf diesen 100 cm^2 immer mehr Knöpfe und Schalter unterbringen.

Doch damit nicht genug! Man erfand das Navigationsgerät, das uns auch in den entlegensten Winkeln noch sicher zur nächsten Dönerbude führt. Dafür brauchte man natürlich einen Bildschirm und dahinter einen leistungsfähigen Computer. Und wenn man die erst einmal hat, dann ist der Funktionalitis auch hier Tür und Tor geöffnet. So haben wir heute Fahrerinformationssysteme in unseren Fahrzeugen, mit denen man navigieren, telefonieren, Radio hören, die Klimaanlage steuern, die Standheizung programmieren ... und natürlich auch fernsehen kann. Jedes Mittelklasseauto verfügt bereits über ein Vielfaches der Rechenleistung der Mondlandefähre, mit der die Amerikaner 1969 auf dem Mond landeten. BMW rühmt sich in der Werbung gar damit, dass „beim Start des BMW 7er Motors mehr Daten verarbeitet werden als beim Flug der Saturn-V-Rakete zum Mond in den 60er-Jahren“. Diese Entwicklung ist sicher noch lange nicht am Ende. Bussysteme verbinden heute alle Steuersysteme im Auto und die neuen Mobilfunktechniken bieten endlich den Anschluss des „Intranets Auto“ an das globale Datennetz Internet. Damit werden wir in atemberaubender Geschwindigkeit weitere neue Funktionalitäten bekommen, die die große Masse zwar nicht braucht, die aber uns allen als Fortschritt verkauft werden.

Hierzu zählen die dynamische Routenführung, die uns online die neuesten Staus mitteilt und die Streckenauswahl darauf anpasst, ebenso wie die mikroskopische Führung, die eine aktuelle Führung zu freien Parkplätzen, der besten Dönerbude oder hoffentlich der besten Autocomputerwerkstatt bieten wird. Zumindest das Letztgenannte werden wir wohl auch brauchen, denn die neuesten Pannenstatistiken belegen sehr deutlich, dass die Autoelektronik immer häufiger die Hauptproblemquelle ist. Eigentlich nicht verwunderlich, denn die komplexen Bordsysteme müssen in immer kürzerer Zeit und unter hohem Kostendruck entwickelt werden. Jeder Insider weiß, dass es nahezu unmöglich ist, fehlerfreie Software zu entwickeln. Die Firma Microsoft konnte sich diesem Marktsegment natürlich auch nicht verschließen und will zukünftig einer der Keyplayer auf dem Markt der „Kfz-Betriebssysteme" werden. „Ctrl-Alt-Del-Drücken" wird uns der freundliche ADAC-Pannenhelfer vielleicht raten, wenn wir demnächst hilflos am Straßenrand stehen und der Bordcomputer nur noch unverständliche Zeichen auf dem Bildschirm anzeigt. Er wird uns dann ohnehin nicht mehr helfen können, denn selbst ausgebildete Kfz-Elektriker wären nicht mehr in der Lage, die komplexe Computernetzwerktechnik zu durchschauen, geschweige denn am Straßenrand zu reparieren.

Die Firma BMW, einer der Vorreiter auf dem Gebiet der Autocomputertechnik, hat in den Baureihen 7er und 5er ein Feuerwerk deutscher Ingenieurkunst gezündet. „iDrive" nennt sich das Fahrerinformationssystem. Das „i" steht dabei laut BMW für „intelligent, integriert, informativ, innovativ, interaktiv und intuitiv". Und man verkündete zunächst stolz in der Werbung, dass der Kunde nun mehr als 700 Funktionen über einen multifunktionalen Dreh-Druck-Knopf anwählen kann. Nur leider wird kein Kunde 700 Funktionen im Kopf behalten, geschweige denn benötigen. Dieses Beispiel zeigt meines Erachtens den falschen Denkansatz. Hat sich BMW früher damit gerühmt, das Cockpit optimal auf den Fahrer zuzuschneiden, so scheint heute

ABB. 3 Das iDrive-System in der 7er-Baureihe von BMW geriet u. a. in die Kritik, weil seine Bedienung den Fahrer zu stark ablenkte.

auch hier die allzu simple Formel „mehr Funktionen = Fortschritt" zum Leitsatz zu werden. Doch der Kunde hat zurückgeschlagen. Viele Beschwerden und negative Presseberichte über die Benutzungsprobleme haben zu einem Überdenken geführt. „Intelligent" und „intuitiv" waren wohl doch etwas übertrieben. Der kürzlich verstorbene amerikanische Usability-Guru Jef Raskin urteilte nach einer Probefahrt in einem Interview mit der Zeitschrift „Popular Science" über das iDrive-System: „a few good ideas, a few good features and a whole bunch of bad implementation" (ein paar gute Ideen, ein paar gute Funktionen und eine ganze Menge schlecht gemachter Realisierung).[1]

Zurzeit ist eine deutliche Kursänderung der Automobilhersteller festzustellen. Man erkennt auf der einen Seite die Probleme, in die man hineinlaufen wird, wenn man den jetzigen Weg unverändert fortführt, und auf der anderen Seite die Notwendigkeit zu einer stärkeren Nutzerorientierung im Entwicklungsprozess. Es wird auf Dauer kein Weg daran vorbeiführen, Usability-Untersuchungen mit einem repräsentativen Kundenquerschnitt fest im gesamten Entwicklungsprozess zu verankern. Die Ergebnisse aus diesen Untersuchungen müssen dann mit Hilfe formaler Techniken des Software- bzw. Useware-Engineerings in eine Bediensystemgestaltung überführt werden. Nur so kann sichergestellt werden, dass zukünftige Systeme nutzergerecht und damit benutzbar sind.

Nun gibt es zugegebenermaßen eine große Spannbreite von Autofahrern mit ganz verschiedenen Bedürfnissen und Fähigkeiten. Während die beschriebene Autoscooter-Philosophie zwar den meisten Amerikanern gefallen mag, wäre ein nicht unbedeutender Teil der deutschen Kunden wohl eher unzufrieden damit. Und da der Automarkt immer mehr ein globaler Markt ist, werden die jeweiligen Anforderungen wie auch die nationalen Vorschriften eine Differenzierung unabdingbar machen. Hier kann man sich ein Beispiel an vielen Konsumgeräten nehmen, die zunehmend eine standardisierte Hardware in ihrem Inneren haben, dann aber über ein abschließendes „Betanken" mit unterschiedlicher Software die unterschiedlichen Märkte und ihre jeweiligen Anforderungen abdecken.

Wenn alles miteinander vernetzt ist, kann der Kunde am PC vielleicht nicht nur die Farbe und Motorisierung seines neuen Autos auswählen, sondern auch die Funktionalität der elektronischen Ausstattung. Und wenn ihm dies ein halbes Jahr später nicht mehr passt, kann er sich ja eine neue Variante „downloaden". Vielleicht fragt uns unser Auto dann bei 200 km/h auf der Autobahn: „Ein Software-Update steht zum Download bereit, möchten Sie den Download starten?"

Damit wären wir bei einer weiteren Frage: Was darf ein Fahrer bei hoher Geschwindigkeit überhaupt noch bedienen können, damit er nicht von seiner Haupttätigkeit abgelenkt wird? Als ich neulich bei zügiger Fahrweise eine interessante Nachricht im Radio hörte und lauter schalten wollte, kam ich ungewollt an eine falsche Taste und der Sender war weg. Kein Problem, kurz prüfen, was passiert ist, eine andere Taste drücken und weiter geht es. Als ich wieder auf die Straße schaute, konnte ich die Auspuffrohre meines bremsenden Vordermanns schon bedenklich groß erkennen – die ganze Aktion hatte mich mindestens drei bis vier Sekunden abgelenkt. Was passiert, wenn man zukünftig E-Mails ins Auto bekommt oder vom Navigationssystem nach einer Ausweichstrecke gefragt wird? Die neuen Gerätschaften im Auto verleiten uns schon heute immer stärker dazu, uns mit Nebensächlichkeiten zu beschäftigen, anstatt uns auf die Hauptaufgabe zu konzentrieren. Der Mensch hat aber nun einmal deutliche Grenzen in seiner mentalen Leistungsfähigkeit. Wäre es da nicht angebracht, zwischen Stillstand und Höchstgeschwindigkeit in mehreren Stufen Funktionen zu sperren und so die Konzentration auf das Wesentliche zu lenken? Die Gesetzgebung hat sich hier – bis auf das Handyverbot während der Fahrt – weitgehend herausgehalten. Allerdings wird sie die weitere technische Entwicklung intensiv beobachten und gegebenenfalls das Handyverbot drastisch auf weitere Funktionen ausdehnen müssen. Und da Gesetze immer eine Ultima Ratio sein sollten, wäre die Automobilindustrie gut beraten, Lösungen hierfür freiwillig anzubieten.

Die Automobilindustrie kann man sicher als Vorreiter in der Nutzung computergestützter Entwicklungsmethoden – kurz CAx genannt – bezeichnen. Die heutigen Entwicklungszeiten lassen sich nur noch einhalten, indem man reale Versuchsfahrzeuge oder Baugruppen mehr und mehr durch virtuelle in einem Rechner ersetzt. Mit diesen virtuellen Modellen kann man dank moderner Hochleistungsrechner nicht nur realitätsnahe Crashversuche ohne realen Crash durchführen, sondern auch die Interaktion zwischen den Insassen und dem Fahrzeug simulieren. So entwickelt ein Kaiserslauterer Unternehmen Mensch-Modelle, die man in den CAD-Systemen nutzen kann, um die optimale Sitzposition oder Anordnung von Rückspiegeln festzulegen. Diese Mensch-Modelle – RAMSIS genannt – bilden die geometrischen und kinematischen Maße der Durchschnittsbevölkerung mittlerweile so umfassend ab, dass man damit eine 1,50 Meter große Asiatin genauso in ein virtuelles Fahrzeug setzen kann wie einen 2,10 Meter großen Athleten. Damit sieht man am Bildschirm, ob beide an die Pedale oder Schalter kommen, ob sie die Rückspiegel richtig einstellen oder ob sie die Instrumente ablesen können.

Was liegt für die Automobilindustrie also näher, als auch das kognitive Mensch-Modell zu fordern. Wäre es nicht praktisch, wenn man die mentalen Fähigkeiten des typischen Nutzers ermitteln und daraus ein „kognitives Menschmodell" erstellen könnte? Damit könnte man z. B. die Belastung des Fahrers in bestimmten kritischen Situationen seiner dann zu erwartenden geistigen Leistungsfähigkeit gegenüberstellen und daraus das Verbesserungspotenzial für die Systemgestaltung ableiten. Oder man könnte die optimale Gestaltung eines Navigationssystems durch Versuche mit einem „kognitiven Dummy" herausfinden. Doch so schön die Idee ist, so unrealistisch ist sie. Wir sind noch sehr weit davon entfernt, die Abläufe im menschlichen

Gehirn detailliert zu verstehen. Wir können zwar Informationsmengen und -grenzwerte messen, doch von den folgenden Bewusstseinsprozessen verstehen wir erst relativ wenig. Und so scheint es fraglich, ob wir je über einen „Gehirn-Dummy" verfügen werden. Und ob der dann zu einer positiven Technikgestaltung beitragen würde, kann man sicher nicht nur mit technischen Argumenten beantworten.

Wir werden aber nicht umhin können, auch hier Modellierungstechniken einzusetzen. Die immer komplexeren Systeme moderner Fahrzeuge lassen sich nicht mehr ohne eine abstrakte Modellierung der Systemzusammenhänge entwickeln. Und davon können wir auch den Bereich der Gestaltung der Mensch-Maschine-Interaktion nicht ausschließen. Auch hier benötigen wir abstrakte Modellierungsverfahren, mit denen wir die Interaktionsabläufe bereits im Entwicklungsprozess beschreiben können.

Im gesamten Verkehrsbereich stehen wir vor neuen Herausforderungen. Die immer knapper werdenden Ressourcen müssen immer besser genutzt werden. Für diejenigen, die Ressourcen bereitstellen – also z. B. der Staat oder die Kommunen –, gilt es, diese Ressourcen möglichst kostenoptimal bereitzustellen und zu betreiben. Für die Nutzer gilt es, sie optimal zu nutzen. Auf der einen Seite ist es daher verständlich, dass mehr und mehr Nutzungsgebühren erhoben werden, um die Infrastruktur zu finanzieren. Auf der anderen Seite beeinflussen solche Kosten natürlich die Bereitschaft der Nutzer, diese auch zu nutzen. Für die privaten Nutzer mag das ein großes Ärgernis sein, für viele kommerzielle Nutzer kann die Kostenfrage hingegen durchaus zu einer Frage des Überlebens werden.

Betrachten wir einmal den Güterverkehr. Hier hat sich in letzten zehn bis zwanzig Jahren ein ganz massiver Wandel vollzogen. Spediteure können heute nur noch am Markt bestehen, wenn sie nicht mehr den Transport von A nach B, sondern komplette Logistiklösungen anbieten. Und da in diesem Industriesektor schon längst ein europäischer Markt existiert, müssen die deutschen Anbieter mit vielen ausländischen Billiganbietern konkurrieren, die zu ganz anderen Produktionskosten operieren können. Als deutscher Logistik-Anbieter kann man heute nur noch im Markt bestehen, wenn man die Kosten knallhart optimiert und den Kunden eine sehr hohe Produktqualität, z. B. in Form von Liefertreue, garantiert. Damit gewinnen Faktoren, mit denen sich Abläufe optimieren lassen, eine immer größere Bedeutung. Bislang hat man dies vor allem in den Disponentenbüros umgesetzt. Dort werden aufwändige Vorab-Planungen am Schreibtisch ausgeführt, um Fahrzeuge und Fahrer optimal einsetzen zu können. Doch mit weiter steigenden Anforderungen wird das allein nicht mehr ausreichen. Um konkurrenzfähig bleiben zu können, müssen Fahrzeuge und Fahrer jeweils ad hoc auf die aktuelle Verkehrssituation und neue Kundenforderungen reagieren können. Damit wird sich der Fahrersitz eines LKW mehr und mehr zu einem Arbeitsplatz verändern, der dem Fahrer neue Aufgaben abverlangt. Hierzu gehören beispielsweise Funktionalitäten wie die mautabhängige oder lenkzeitbasierte Routenoptimierung oder die online-Steuerung von Fahraufträgen. Dazu wird der Fahrer einen Bordcomputer in seinem Fahrzeug haben, der über Datenfunk mit der Zentrale in Verbindung steht. Kommt ein neuer Kundenauftrag, so kann das dafür am besten geeignete Fahrzeug online umdirigiert werden. Der Fahrer kann den weiteren Fahrverlauf nach den jeweils wichtigsten Kriterien optimieren. Im einen Fall mag dies die Kostenoptimierung sein, im anderen vielleicht eine Lenkzeitoptimierung, mit der man die zulässigen Lenk- und Ruhezeiten optimal verplanen kann. Und in den Pausen kann der Fahrer über seinen Bordcomputer vielleicht MP3-Musik hören oder die Nachrichten im Fernsehen verfolgen. Damit wird sich die Industrie mit der dafür notwendigen Technik beschäftigen müssen. Und da in den LKWs in der Regel keine Akademiker vor den Fahrzeugcomputern sitzen, müssen sich die neuen Lösungen an den mentalen Fähigkeiten und den Aufgaben der typischen Nutzer orientieren. Erste Systeme dafür wurden auf der Nutzfahrzeug-IAA 2004 in Hannover vorgestellt. Hier setzt man auf die bekannte PC-Welt. In den Fahrerhäusern ist ein PC auf Windows-Basis mit einem 10,4“ Touchscreen-Farbbildschirm installiert. Darüber steht den Nutzern nicht nur eine breite Palette an Standardfunktionen wie etwa GPS-Navigation, Tourenplanung, Flottenverfolgung oder Lenkzeitplanung zur Verfügung, sondern auch eine Spielwiese für weitere Anwendungen, die weit über das hinausgehen, was heute schon Realität ist. Es versteht sich von selbst, dass man über das System fernsehen oder DVD's abspielen kann.

So schön diese neue Welt auch zu sein scheint, sie wird eine Vielzahl von Problemen mit sich bringen. Hier wird LKW-Fahrern, die sicher kein Informatikstudium absolviert haben, eine hochkomplexe Informationstechnik vorgesetzt, die weit über die Fähigkeiten des typischen Nutzers hinausgeht. Damit wird die Frage der Nutzbarkeit spätestens bei der Einführung zu einem zentralen Punkt werden. Wahrscheinlich wird man es über den traditionellen Weg versuchen: Man schult die Fahrer so lange, bis sie mit der schlecht gemachten Technik zurechtkommen. Dabei ginge es auch viel einfacher: Man beobachte die LKW-Fahrer bei der Erledigung ihrer typischen Aufgaben und leite daraus eine nutzergerechte Gestaltung der Technik ab. So könnte man nicht nur eine hohe Zufriedenheit der Nutzer erreichen, sondern auch viele unnötige Funktionalitäten einsparen.

Was wir künftig brauchen, ist eine Rückbesinnung auf die langbewährte Erfolgsstrategie, dem Kunden anzubieten, was sein Leben und seine Arbeit erleichtert, und diese Funktionalitäten soweit zu automatisieren, dass sie möglichst wie das ABS Helfer im Verborgenen sind. Und wo die Automatik keinen Sinn macht, sollte man die Technik konsequent an den Fähigkeiten und Aufgaben der Nutzer ausrichten. Dafür sind sicher neue Entwicklungsmethoden vonnöten, vor allem aber die Einsicht, dass das Machbare nicht immer das Beste ist.

42 Schraubst du noch oder arbeitest du schon …
Wenn der Computer dich zur Verzweiflung treibt

Im Jahr 1979 kaufte ich mir an einer Straßenecke in Sunnyvale im berühmten Silicon Valley meinen ersten Computer. Nicht etwa als fertiges Gerät, das wäre damals noch viel zu teuer gewesen, nein als Bausatz, bestehend aus vielen Platinen, Computerchips und einer Lötanleitung. In nächtelanger Arbeit lötete ich mit großer Begeisterung das Ganze zusammen. Nach einigen Tagen der große Augenblick: Ich legte den Schalter um und starrte auf den zum Computermonitor zweckentfremdeten Fernsehbildschirm, auf dem tatsächlich die ersten Zeichen erschienen. Ein Wunderwerk. Doch dann kam meine Freundin und stellte die Frage, die wohl nur Frauen stellen können: „Ist ja toll, und was machst du nun damit?" Das holte mich auf den Boden der Realität zurück. Software gab es so gut wie keine und wenn es etwas gab, war es letztlich auch wieder Bastelei. Egal, der Anfang war gemacht, nicht nur für mich, sondern für eine ganze Industrie.

Und die lernte dazu und verlegte sich fortan mehr auf die Fortentwicklung der Software denn der Hardware. So entstanden bald die ersten wirklich nutzbaren Textverarbeitungsprogramme wie Wordstar oder Tabellenkalkulationsprogramme wie z. B. visiCalc. Diese konnte man durchaus schon ganz sinnvoll in der täglichen Arbeit nutzen, doch die Probleme wurden damit keineswegs geringer. Jeder, der in der damaligen Zeit einen Drucker angeschlossen hat, weiß ein Lied davon zu singen. Bei einem seriellen Anschluss gibt es mehrere Steckervarianten und mehrere Kabelbelegungen. Man muss die Baudrate sowie die Wortbreite einstellen und schließlich noch wissen, wie viele Stoppbits erforderlich sind. Und wenn die Hardware endlich lief, musste man den Druckertreiber anpassen, was meist in einer wilden Programmierorgie endete.

Und wo stehen wir heute? Ich besitze einen Arbeitsplatz-PC im Büro, ein Laptop für die mobile Arbeit sowie einen PC an meinem Schreibtisch zu Hause. Meine Kinder brauchen natürlich auch einen PC, macht in Summe schon sechs. Nun will man weder sechsmal einen Internetzugang kaufen noch sechs Drucker, also installiert man ein Netzwerk. Ich kann mir Daten über das Internet nach Hause senden, die ganze Familie kann das Internet mit nur einem Zugang nutzen und jeder sucht sich den gerade einmal funktionierenden Drucker aus, um seine „soften“ Daten „hard“ auszudrucken.

Doch wie sieht die Realität aus? Da liege ich in aller Regelmäßigkeit unter dem Schreibtisch oder klettere mit der Leiter an die Netzwerkverteildose unter dem Dach, weil wieder einmal nichts läuft. Da „pingt“ man den Server an und wechselt Kabel, tauscht Netzwerkkarten gegeneinander und kommt schließlich nach stundenlanger Suche zu der Erkenntnis, dass man besser jemanden holen sollte, der sich damit auskennt. Dieser „jemand“, wortkarg und verbissen wie Spezialisten nun einmal sind, murmelt dann etwas von IP-Adresse umstellen und Firewall abschalten, von DHCP-Problemen und Treiber-Update. Irgendwann läuft alles wieder und man kann sich die Kommentare seiner spöttelnden Kinder anhören, dass es wohl sehr, sehr lange her sei, dass man einen Rechner zusammengebaut hätte.

Der eigentliche Super-Gau kommt so alle drei bis vier Jahre, denn dann versagt irgendein Teil im Rechner seinen Dienst, wird zu alt, zu langsam oder zu klein. Ein neuer Rechner muss her. Mit diesem neuen Rechner kommen auch gleich ein neuer Prozessor und ein neues Betriebssystem, die es natürlich gar nicht mögen, mit „alten" Daten zusammenzuarbeiten. Also fängt man an, Daten zu sichern, alle Anwendungen erneut zu installieren und schließlich die Daten wieder zurückzuspielen. Für die gesamte Prozedur braucht man so circa einen Tag, was aber keineswegs mit dem Aufwand gleichzusetzen ist. In den folgenden Tagen fehlt immer wieder irgendein Stückchen geliebter Alt-Software oder die Systeme verlangen in aller Regelmäßigkeit nach einer nachträglichen Installation von Treibern, Wörterbüchern oder Silbentrennung. Mit etwas Glück ist nach vier Wochen die Computerwelt wieder in Ordnung, es funktioniert nahezu alles wie vorher und der Ärger geht auf das Normalmaß zurück.

„Schraubst du noch oder arbeitest du schon", frage ich mich in Abwandlung des bekannten Werbespruchs einer großen schwedischen Möbelkette immer häufiger. Wir arbeiten nun seit circa 20 Jahren mit Personal Computern, aber wir liegen immer noch in aller Regelmäßigkeit unter den Schreibtischen oder brauchen Tage, um einfach nur eine Hardware gegen eine etwas neuere auszutauschen. „Ich weiß nicht, wie viel Zeit bei Computerprojekten damit zugebracht wird, die Ausrüstung zum Laufen zu bringen, aber wenn ich einen Gärtner hätte, der so viel Zeit mit der Reparatur seiner Schaufel zubringt, wie wir mit der Instandsetzung unserer Computer, dann würde ich ihm eine gute Schaufel kaufen. Eine gute Schaufel ist wenigstens zu haben", sagte einmal Erasmus Smums. Dem kann ich nur beipflichten. Wann werden wir endlich soweit sein, dass wir einen Computer einfach austauschen können und alles läuft sofort wie vorher? Wann wird uns der Computer in verständlicher Form informieren, warum er keinen Netzwerkzugriff mehr hat und wie ich meine Daten von meinem Bürocomputer am schnellsten mit denen auf meinem Heimcomputer abgleichen kann?

Offenbar sind 20 Jahre nicht genug, um eine Technologie zu einem allgemeinen Reifegrad zu führen. Zwar hat es immer wieder Fortschritte gegeben. So erkannte die Firma Apple schon sehr früh, dass der Durchschnittsanwender den Computer einfach nur benutzt, um seine Arbeit effizienter zu erledigen. Und das Plug&Play-Konzept oder etwa USB haben auch im PC-Bereich zu einer deutlichen Entspannung im unteren Hardwarebereich geführt. Doch wir sind noch lange nicht am Ziel.

Das Problem der Offenheit Der Hauptgrund für den Siegeszug des Personal Computers war meiner Meinung nach die Offenheit, mit der die Firma IBM ihr erstes PC-System in den Markt brachte. Im Gegensatz zur Firma Apple, die eine weitgehende Geschlossenheit ihrer Systeme anstrebte, bekam der Kunde bei IBM nicht nur alle Schaltpläne und Hardwaredetails mitgeliefert, sondern auch den Quellcode der eingebauten Firmware – das so genannte BIOS. Und mit den Kunden bekamen es natürlich auch die vielen tausend Asiaten, die in der Folgezeit IBM-PC's in jeder Garage so nachbauen konnten, dass der Kunde ein breit gefächertes Angebot an preiswerter Technik bei akzeptabler Qualität bekam. Im Softwarebereich konnten sich anfänglich mehrere Betriebssysteme wie MS-DOS, CP/M oder OS/2 etablieren und es gab eine schier unüberschaubare Zahl von Softwareschmieden, die alle möglichen Anwendungsprogramme für jede noch so abstruse Zielgruppe entwickelten.

Doch mit dem Segen kam auch der Fluch über die Nutzer, denn die Offenheit führte mehr und mehr zu Inkompatibilitäten und massiven Hard- und Softwareproblemen. Und da es nach dem schnellen Rückzug von IBM aus dieser Arena für den heterogenen PC-Bereich keine rechtmäßige „Ordnungsmacht" gab, brauchte es einige Jahre, bis sich aus dieser Krise solche Ordnungsmächte entwickelten. Im Hardwarebereich war dies sicher der Chiphersteller INTEL, der die Standards de facto setzte, sowie Microsoft auf der Softwareseite. Erst als viele der kleinen Garagen-Softwarefirmen in die Bedeutungslosigkeit abgedrängt waren, konnten sich verbindliche Standards durchsetzen, die uns heute das Leben leichter machen.

Ein weitaus größerer Fluch der Offenheit scheint sich jetzt erst zu entwickeln. Mit dem Internet konnte die Offenheit nicht nur in Richtung einer weltweiten Offenheit nutzbringend erweitert werden, sondern es entwickelte sich eine neue „Sportart". Immer mehr Programmierkids nutzen jede noch so kleine Lücke der mittlerweile immer stärker geschlossenen Systeme, um Computerviren zu verbreiten. Wurde diese „Sportart" anfänglich noch mitleidig belächelt, so hat sie, wie uns eine Reihe von Beispielen wie SASSER, MYDOOM u. a. zeigt, mittlerweile kriminelle Ausmaße angenommen. Es vergeht kaum ein Tag, an dem nicht neue Warnungen vor Computerviren auftauchen. Und die anonymisierende Arbeitsweise des Internet trägt mit dazu bei, dass die Übeltäter nur schwer zu fassen sind. Im privaten Bereich sind solche Viren unangenehm, in vielen anderen Bereichen können sie jedoch massiven wirtschaftlichen Schaden anrichten. So gab es 2003 in den USA den ersten Fall, bei dem die PC-basierte Steuerung eines Kernkraftwerks durch einen von außen eingedrungenen E-Mail-Wurm für mehrere Stunden außer Kraft gesetzt wurde. Und selbst das so auf Sicherheit ausgerichtete Militär musste eingestehen, dass schon mehrfach Hacker in ihre hochgesicherten Systeme eingedrungen waren.

Fachleute befürchten, dass durch die Verbreitung von drahtlosen Netzwerktechniken wie WLAN oder Bluetooth nicht nur der Anreiz für potenzielle Täter größer werden wird, sondern dass auch die Anonymität die Ermittlung der Schuldigen erschwert. Und wenn wir erst einmal soweit sind, dass ein Konkurrent einen harmlos aussehenden Lieferwagen auf dem Parkplatz eines Unternehmens abstellen kann und daraus in aller Ruhe das WLAN abhören oder vielleicht sogar manipulieren kann, so wird diese Technologie bald am Pranger stehen.

Das Problem der Vielfalt Der PC ist sicher das Computersystem, für das die größte Vielfalt an Anwendungsprogrammen existiert. Man kann Briefe oder Bücher darauf schreiben, die Buchhaltung darüber führen, im Internet surfen oder den PC in andere Geräte wie etwa Fahrkartenautomaten oder Maschinensteuerungen implantieren. Doch auch hier liegen Fluch und Segen nahe beieinander. Die Gralshüter der PC-Technologie müssen bei der Festlegung neuer Standards letztlich darauf Rücksicht nehmen. Ein Windows-XP soll am Kinder-PC mit 3D-Spielen ebenso seinen Dienst tun wie auf dem Steuerrechner einer Industrieanlage. Ich möchte vielleicht meine Urlaubsvideos darauf schneiden oder eigene Musikstücke mit dem daran angeschlossenen Keyboard komponieren. Aus dieser Anforderungsbandbreite resultieren sehr mächtige Systeme, die sehr viel schwerer zu durchschauen und zu handhaben sind.

Ein ähnliches Phänomen beobachtet man bei vielen Anwendungssystemen. So war das allseits bekannte WORD ursprünglich ein komfortabler Texteditor, der für die Erstellung von Briefen, Protokollen oder Seminararbeiten konzipiert war. Doch irgendwann waren alle Register gezogen und die Konkurrenz auf dem gleichen Level angekommen. Dann muss sich ein Hersteller fragen, wie er sein Produkt zukünftig den Kunden verkaufen will. Wenn der Preis ausgereizt ist und der Faktor Emotionalität hier schlecht funktioniert, bleibt wie immer die Funktionalität. Also entwickeln die Hersteller munter weiter und packen Funktionen in die Systeme, die immer weniger Kunden brauchen. So entstand z. B. ein WORD, mit dem man zwar ganze Bücher schreiben bzw. layouten kann, bei dem einen aber ein einfacher Brief an den Rand der Verzweiflung führen kann. Und WORD ist hier nur ein Beispiel, man könnte viele weitere aus dem Grafik- oder dem Tabellenkalkulationsbereich anführen.

Das Problem der Kompatibilität Neulich fiel mir ein uraltes Programm in die Hände, mit dem ich über die serielle Schnittstelle ein altes Messgerät auslesen konnte. Dieses Programm stammte noch aus DOS-Zeiten, sodass ich mich schon fragte, ob es noch auf meinem Pentium IV-PC unter Windows-XP zu gebrauchen sei. Doch siehe da, nach einigem Probieren öffnete sich ein Fenster, in dem sich das Programm starten ließ. Ich konnte tatsächlich die Daten aus dem Messgerät lesen und an meinen Drucker weiterleiten. Das freute mich, doch es machte mich auch nachdenklich. Denn alle modernen Systeme folgen sehr strikt dem Prinzip der Abwärtskompatibilität. Das heißt einerseits, dass alte Anwendungen immer noch auf neueren Systemen laufen, andererseits aber leider auch, dass neuere Systeme eine Menge an unnützen und nicht selten verwirrenden Dingen mitschleppen müssen, um dieser Kompatibilität gerecht zu werden. Auch die bei vielen Freaks so beliebten Tastenkürzel wie CTRL-V für Einfügen oder CTRL-X für Ausschneiden sind letztlich ein Relikt der so genannten Command-Line-Ära, als die Interaktion in der Zeit lange vor Mäusen und Grafikbildschirmen noch über das Eintippen von Kommandowörtern erfolgte. Eine Folge sind sicher auch die teilweise verwirrenden Mehrfachwege zur Lösung einer Aufgabe. „Viele Wege führen nach Rom" könnte man die Situation umschreiben, wenn man heute ein Netzwerk konfigurieren oder eine Linienart und -breite nachträglich verändern möchte. Da gibt es Direktwahlbuttons, die man am Bildschirmrand oder in der meist völlig überfrachteten Werkzeugleiste anklicken muss, man kann das Gleiche auch über das Menü aufrufen oder eben über die beschriebenen Tastenkürzel eingeben. Und damit der Kunde über die größtmögliche Gestaltungsfreiheit verfügt, macht man das alles dann auch noch konfigurierbar. Sicher, damit kann man sich seinen Bildschirm so zusammenstellen, wie man ihn denn gern hätte. Aber ein falscher Klick und schon ist die benötigte Werkzeugleiste im Software-Nirwana verschwunden oder etwas völlig Neues taucht plötzlich am Bildschirm auf und weigert sich beharrlich, wieder zu verschwinden. Das ist dann „die Zeit der dicken Bücher", in denen man mühselig nach dem Grund für die plötzliche Veränderung fahnden muss und schließlich (hoffentlich) erfährt, wie man wieder zur alten Darstellung zurückkommt.

Das Problem der Vermarktung Haben Sie schon einen 2,7 GHz PC mit S-ATA HDD, Multinorm-DVD-Brenner und Firewire-Anschluss? Nein? Dann gehören Sie auch zu den ewig Gestrigen. Das führt uns zum Problem der PC-Vermarktung. In den Anfangsjahren – also so etwa in der ersten Hälfte der 80er-Jahre – wurden Personal Computer mit Blick auf die Technofreaks vermarktet. Doch dann begann 1985 mit dem Apple Macintosh die Neuausrichtung auf den Nutzer, der mit diesem Gerät möglichst einfach seine Aufgaben erledigen möchte. Dieser Ansatz war sehr lobenswert, scheiterte aber leider an den falschen Marketingkonzepten der Firma Apple. Und mit dem damaligen wirtschaftlichen Niedergang der Firma Apple bekam die PC-Gemeinde mit der „billig"-Mentalität Oberwasser. So verkam Fortschritt mehr und mehr zu einem „schneller-weiter-billiger"-Wettrennen. Als ich neulich zufällig in einem großen Elektronikmarkt ein Verkaufsgespräch zwischen dem Verkäufer und einer älteren Dame mit ihrer Tochter mithörte, hätte ich mich am liebsten eingemischt. Da wurde jeder Rechner im Regal, der nicht mindestens 2 GHz Taktfrequenz hatte, als fürchterlich langsam bezeichnet, eine Aufrüstung auf mindestens 512 MB RAM empfohlen und schließlich ein billigeres Gerät an die Seite geschoben mit der naserümpfenden Bemerkung, dass die „Grafikengine eine sehr schlechte 3D-Performance" habe. Dabei beteuerte die Dame immer wieder, dass sie lediglich ein wenig Papierkram auf dem Computer erledigen und vielleicht ab und zu mal online-Banking machen und E-Mails schreiben wolle.

„Ich bin doch nicht blöd ..." tönt die Werbung dieses Elektronikmarkts, doch wer war jetzt hier der „Blöde" und wer war es nicht? Produkte werden für Menschen gemacht und die Mehrheit der Menschen will einfach nur ihre Arbeit erledigen. Doch die Marketingstrategen der PC-Branche vertrauen weiterhin auf die Wirkung ihrer „Technologiekeule". GHz, S-ATA, AGP oder andere Schlagworte dominieren die Werbung und suggerieren Fortschritt, obwohl sich die wenigsten Nutzer darunter etwas vorstellen können. Und der Kunde folgt dieser Strategie – und ärgert sich. Dass man es durchaus besser machen kann, beweist seit vielen Jahren die mittlerweile wieder sehr erfolgreich agierende Firma Apple, die schon immer die einfache Nutzbarkeit und das effiziente Arbeiten mit ihren Produkten in den Vordergrund stellte. Außerdem hat man den scheppernden PC-Blechdosen futuristisch anmutende Designrechner gegenübergestellt. Wirklich beeindruckende Konzepte, doch leider lassen sich viele Kunden immer noch von den Technologieschlagworten blenden. Vielleicht ist die Zeit noch nicht reif für den notwendigen Wandel. Die Informatik-Gemeinde spricht immer noch von Mensch und Computer und glaubt, dass der Mensch mit Computern arbeiten möchte. Aber ist das der richtige Ansatz? Wollen die Menschen nicht einfach nur ihre Probleme besonders effizient lösen, egal ob mit oder ohne Computer?

52 Hier spricht der Automat …
Von unbedienbaren Automaten und anderen Geräten

Vor einigen Wochen wartete ich vor einem dieser Fahrkartenautomaten, die man mittlerweile an jedem Bahnhof findet. Es war schon spät und so hatte die „menschliche" Kartenverkaufsstelle bereits geschlossen. Vor mir stand eine ältere Dame, die sich langsam und mit viel Nachdenken von Menüpunkt zu Menüpunkt kämpfte in der Hoffnung, am Ende die richtige Fahrkarte zu erhalten. Nachdem ich ein wenig ungeduldig wurde, fragte ich sie, ob ich ihr vielleicht helfen könnte. Sie nahm erleichtert meine Hilfe an. Als sie mit ihrer Fahrkarte Richtung Zug ging, drehte sie sich noch einmal um und sagte „Ja, junger Mann, dafür bin ich halt zu dumm …"

Die kleine Episode stimmte mich nachdenklich. Hier wird dem Kunden eine Dienstleistung angeboten, also muss man das Angebot doch auch so unterbreiten, dass der Kunde damit zurechtkommt, oder? War die Dame zu dumm oder der Automat? Zugegebenermaßen wird es wohl nahezu unmöglich sein, solche Automaten, die sicher um einiges komplizierter sind als ein Kaugummiautomat, so zu gestalten, dass alle damit zurechtkommen. Aber wie wäre es mit 97 oder 98 Prozent? Ich bin sicher, dass der Automat bei einem Test an jedem x-beliebigen Bahnhof bei weitem nicht diese Größenordnung erreichen würde. Und dieser Automat ist meines Erachtens kein Einzelfall. Seitdem persönliche Dienstleistung immer teurer und andererseits Verfügbarkeit zu jeder Tages- und Nachtzeit gefordert wird, geht wohl kein Weg an solchen Automaten vorbei. Ich löse meinen Parkschein morgens am Bahnhof am Automaten, hole mir meine Zugfahrkarte am Automaten, gehe am Flughafen zum Automaten, um mir das elektronische Ticket zu ziehen und wechsle mein ausländisches Geld am Automaten.

Manche Automaten funktionieren wirklich gut. Das sind meistens diejenigen, die eine recht einfache Funktionalität anbieten nach dem Muster: Geld rein, Parkschein raus. Wenn die Funktionalität aber umfangreicher wird, dann kommen die Probleme. Die besagte alte Dame wollte nur einen ganz normalen Fahrschein in ihren 20 Kilometer entfernten Wohnort kaufen, aber der Automat fragt sie nach dem Typ ihrer Bahncard, nach der Klasse, ob sie Bahn-Comfort-Punkte sammelt und was weiß ich noch alles. Und als alles eingegeben war, musste sie leider feststellen, dass sie mit ihrem Zehn-Euro-Schein wenig anfangen konnte, da der Automat mit einer solch „vorsintflutlichen" Bezahlweise erst recht nichts anfangen konnte.

Automaten für alles und jeden Die Gestaltung solcher Automaten ist zugegebenermaßen schwierig. Denn erstens muss man damit gegebenenfalls einen sehr komplexen Prozess durchlaufen können und zweitens ist die Bandbreite der Nutzer sowohl in Bezug auf ihre Fähigkeiten als auch auf ihre Wünsche immens groß. Während der eine Kunde nur eine Fahrkarte von A nach B kaufen möchte, wird ein anderer eine benötigen, die mehrere Umsteigeverbindungen mit unterschiedlichen Preisen

ABB. 4 Für Europäer keineswegs selbsterklärend: ein Fahrkartenautomat in der japanischen U-Bahn.

bzw. Rabatten oder auch diversen Reservierungsmöglichkeiten berücksichtigen muss. Und beide Kunden erwarten, dass der Automat ihre jeweiligen Wünsche möglichst schnell und einfach erfüllt. Am Bahnhof gibt es sicher auch nicht nur junge Computerfreaks und ältere Damen, sondern Reisende jeglicher

Nationalität. Wenn ich in ein fremdes Land reise, ziehe ich gern Fahrkarten aus dem Automaten. Mag das in Anbetracht meiner Sprachkenntnisse in Frankreich oder Spanien noch vergleichsweise einfach sein, so stellt mich die gleiche Aufgabe in Tokio oder Shanghai schon vor weitaus höhere Hürden. Man kann nichts mehr lesen, die zugrunde liegenden mentalen Modelle sind stark unterschiedlich und die Bezahlmethoden erst recht. So muss man in Japan nicht etwa zuerst das Ziel auswählen und dann die angezeigte Summe bezahlen, sondern zuerst Geld einwerfen. Der Automat zeigt einem dann – auf Japanisch, versteht sich – an, wie weit man damit fahren kann. Drückt man nun die „Ticket"-Taste, so kommt ein Fahrschein heraus, auf dem dieser Betrag sozusagen als Guthaben gespeichert ist.

Als Konstrukteur hat man es hier schwer. Man muss sich nämlich nicht nur Gedanken über den ohnehin schon komplizierten „Normalablauf" machen, sondern vor allem über die vielen Fehlermöglichkeiten, die im Verlauf der Nutzung bei der Vielfalt der Nutzer auftreten können. Auch dazu eine wahre Geschichte. Die Deutsche Post (wie im Übrigen auch andere Logistikfirmen) möchte die Paketauslieferungsdienstleistung verbessern. Dazu soll es bald in allen Städten Paketabholautomaten geben, an die sich die Kunden ihre Pakete schicken lassen können.[1] Kommt dort ein Paket an, so erhält man eine E-Mail oder SMS mit dem Hinweis, dass das „Paket in der Station 4711 im Fach 15 zur Abholung bereitliegt". Nun geht man mit der Kunden-Plastikkarte (die wievielte eigentlich?) zu diesem Automaten, identifiziert sich und entnimmt das Paket aus dem angegebenen Fach. Eine prima Sache für alle, die selten zu Hause sind. Die Automaten wurden zunächst in Mainz und Dortmund ausgiebig getestet. Dazu hatte man sich natürlich alles Mögliche überlegt, was richtig und auch falsch laufen kann. So etwas nennt man dann neudeutsch „Use-Cases".

ABB. 5 Ein Paketabholautomat der Deutschen Post AG.

Leider hatte man aber z. B. das kleine Mädchen vergessen, das von seiner Mutter zum Automaten geschickt wurde. Als sich ordnungsgemäß das oberste Fach öffnete, halfen der Kleinen weder ihre Kletterkünste noch ihr Sprungvermögen. Das Paket blieb unerreichbar. Oder die Arzthelferin, die ebenfalls alles richtig machte und anfing, nach und nach die neun Pakete aus den Fächern zu holen, die zufällig an dem Tag da waren. Als sie fünf herausgenommen hatte, verschlossen sich aus Sicherheitsgründen die restlichen offenen Fächer wieder automatisch und das war's.

Diese Beispiele führen plastisch vor, wie schwierig es ist, alle möglichen Use-Cases in einer Entwicklung zu berücksichtigen. Insofern ist eine hundertprozentige Benutzbarkeit solcher Automaten illusorisch. Aber es wäre schon viel gewonnen, wenn die Automatenentwickler ihren späteren Kunden – wie es auch die Post völlig richtig macht – in ausführlichen Nutzungsanalysen im wahrsten Sinne auf die Finger schauen würden. Damit könnten sie Use-Cases und Charakteristika herausfinden, deren praktische Umsetzung zumindest ein erster Schritt in Richtung einer optimalen Benutzerfreundlichkiet wäre. Aber eine solche Vorgehensweise kostet Zeit und damit Geld, beides Dinge, die man in der heutigen Zeit immer weniger hat. Und so wird man weiterhin die Use-Cases nicht im Vorversuch ermitteln, sondern im echten Leben mit Kunden, die – ob sie wollen oder nicht – dabei die Versuchskaninchen sind.

Gern wird bei dieser Diskussion vergessen, dass auch die entsprechende menschliche Dienstleistung komplex und aufwändig ist. Kaufen Sie einmal die günstigste Fahrkarte von „Hinterzipfelhausen“ nach Berlin mit Bahncard-25 und Reiseunterbrechung bei Ihrer Tante in Hildesheim an einem Fahrkartenschalter der Bahn und Sie werden dort einige Zeit verbringen, bis Sie Ihre Fahrkarte endlich in den Händen halten. Aber hier kommunizieren Sie mit einem Menschen und das macht den Prozess offenbar angenehmer für den Nutzer. Er kann Fragen stellen, wird auf Probleme freundlich hingewiesen und kann vielleicht auch ein kleines Schwätzchen am Rande halten. Somit findet eine stark emotional geprägte und fehlertolerante Kommunikation statt, die ein Automat so nicht bieten kann.

PC-Technologie in der Industrie Verlassen wir den Automatenbereich und wenden wir uns der Industrieanwendung zu. Gerade in diesem Bereich hat sich die Rolle des Menschen stark verändert. Vor der Industrialisierung war der Mensch mit seinen Sinnen und technischen Möglichkeiten das Maß der Dinge. Der erste große Umbruch kam gegen Ende des 18. Jahrhunderts, als James Watt die Dampfmaschine erfand. Damit konnte man die begrenzte Kraft des Menschen unabhängig von Wasser- oder Windkraft ersetzen. Das Zeitalter der industriellen Revolution begann, das mit großen Schritten in Richtung Automatisierung von Tätigkeiten ging. Und als im 19. Jahrhundert die Erfindung des Elektromotors die Krafterzeugung noch einfacher und sauberer machte, waren eigentlich alle Basistechnologien für die Bereitstellung mechanischer Energie verfügbar. Doch der Mensch hat nicht nur Muskeln, die per Maschine entlastet werden sollen, sondern auch ein Gehirn, das die Abläufe steuert. Und für die Automatisierung von Steuerungsabläufen fehlte damals noch eine adäquate Technik. Sie kam erst zu Beginn des 20. Jahrhunderts mit der Erfindung der Elektronenröhre. Erst die Elektronenröhre erlaubte es, die bis dahin üblichen fehleranfälligen und langsamen Relaisschaltungen in elektrischen Steuerungen zu ersetzen. Damit war man in der Lage, komplexe Vorgänge sicher und schnell automatisieren zu können. Die Elektronenröhre war dann wiederum die Basis, auf der sich erste industriell brauchbare Computer wie der berühmte ENIAC entwickeln konnten. (Ich möchte hier nicht die wichtigen Vorarbeiten des deutschen Computerpioniers Konrad Zuse unterschlagen, der bereits lange vorher relaisbasierte Computer entwickelte.) Im Sommer 1946 war dieser Rechner fertig, ein Riesengerät mit über 18 000 Elektronenröhren, 1500 Relais und einem Leistungsverbrauch von mehr als 150 Kilowatt. Die Dateneingabe erfolgte über Lochkarten und etwa 300 zehnstufige Drehschalter.

Das Programmieren war bei ENIAC noch eine Wissenschaft für sich, äußerst mühsam und zeitraubend. Die Programme wurden über Schalttafeln mit einer Unzahl von Schaltkabeln, Steckern und Schaltern eingegeben. Nichtsdestotrotz war damit die kommerzielle Verwendung von Computern angestoßen, die sich in den folgenden Jahrzehnten mit großen Schritten fortsetzte. Die Erfindung des Transistors 1949 brachte einen weite-

ABB. 6 Wunderwerk der Technik aus dem Jahr 1946:
ENIAC, der erste vollelektronische Computer.

ren wichtigen Technologieschritt in Richtung Geschwindigkeit und vor allem Zuverlässigkeit. Die 60er- und 70er-Jahre waren vor allem die Zeit der Hardwareautomatisierung. Steuerungen wurden aus vielen elektronischen Bauteilen so zusammengelötet, dass sie die gewünschte Funktion erfüllten. Sicher gab es zu der Zeit auch schon Automatisierungslösungen auf der Basis von Computern, diese waren jedoch meistens noch für die Büroanwendungen konzipiert und in industrieller Umgebung so anfällig, dass sie nur wenige Freunde fanden.

Ein wirklicher Meilenstein war die Erfindung des Mikrocomputerchips 1971 durch die Firma INTEL. Hiermit konnte man plötzlich kleine leistungsfähige Computer so aufbauen, dass sie erstens nur noch ein Bruchteil der Kosten verursachten, die bis dahin ein Computer gekostet hatte, und zweitens weniger anfällig gegenüber Umwelteinflüssen waren. Und so ist es nicht verwunderlich, dass in den folgenden Jahren und Jahrzehnten die „Hard"-Automatisierung immer mehr durch eine „Soft"-

Automatisierung ersetzt wurde. Die Hardware wurde immer weiter standardisiert und damit verbilligt, im Gegenzug nahm die Softwareentwicklung einen immer größeren Raum ein, was wiederum zu deutlichen Veränderungen auf dem Computermarkt führte.

Noch im Jahr 1977 sagte Ken Olson, der Chef der Firma Digital Equipment Corp., damals Weltmarktführer in Kleincomputern: „Ich sehe keinen Grund, warum einzelne Individuen ihren eigenen Computer haben sollten."[2] Wie wir heute wissen eine krasse Fehleinschätzung, die letztlich mit zum Niedergang dieses bedeutenden Unternehmens beitrug. (Die „Reste" wurden 1998 an die Firma COMPAQ verkauft, die dann wiederum in Hewlett Packard aufging.) IBM war offenbar vom Gegenteil überzeugt und arbeitete gezielt auf Computer für den Einzelnen hin. So war die Einführung des Personal Computers, kurz PC genannt, im Jahr 1981 eher eine Vermarktungs- als eine technische Revolution. Aber sie war eine Revolution, denn sie führte in den Folgejahren zu einer explosionsartigen Entwicklung der Computertechnologie, die von den Kinderzimmern bis in die Industrie reichte. Dabei hat die Industrie dem PC bzw. den PC-Technologien als Anwender lange Zeit die kalte Schulter gezeigt. Die Technik war aus industrieller Sicht zu unzuverlässig, die Qualität zu instabil und die verfügbare Betriebssoftware ungeeignet. Doch diese Strategie ließ sich unter dem enormen Kostendruck des Marktes nicht allzu lange durchhalten. So fingen mehr und mehr kleine Unternehmen an, den PC in ihre industriellen Geräte bzw. Anwendungen zu integrieren und somit Kostenvorteile zu nutzen. Sie bereiteten wiederum den Markt für die breite Anwendung vor, denn sie sammelten genügend positive wie negative Erfahrung im industriellen Einsatz, auf deren Basis sich dann industriegerechte PC-Lösungen entwickeln konnten. So ist es heute ganz normal, dass wir den PC nicht nur auf unseren Schreibtischen finden, sondern auch in vielen industriellen Geräten und Anwendungen. Seien es die schon beschriebenen Fahrkartenautomaten, die uns an jedem Bahnhof oder Flughafen beglücken, Robotersteuerungen oder die Leitwarten von Kernkraftwerken, in allen findet sich PC-Technologie.

Und damit sind wir bei den Problemen: Die PC-Technologie wurde ursprünglich für das Büro konzipiert. Die Hardware brauchte damit weder besonders temperaturunempfindlich noch rüttelfest zu sein. Wenn einem privaten Nutzer die Grafikkarte kaputt geht, baut er halt eine andere ein, denn die Original-Ersatzkarte wird er ohnehin nach nur wenigen Monaten nicht mehr bekommen. Und wenn der Austausch zu Problemen führt – wer kennt die nicht –, dann ärgert er sich und probiert solange herum, bis es schließlich wieder läuft. In einer industriellen Anwendung sieht dieses Szenario hingegen ganz anders aus. Wenn dort ein PC, der sagen wir in einer Maschinensteuerung eingebaut ist, seinen „Geist aufgibt", steht diese Maschine. Und da man mit stehenden Maschinen kein Geld verdient, wird der Betreiber ein großes Interesse daran haben, diesen Zustand so schnell wie möglich zu beenden. Er erwartet eine umgehende Reparatur durch die Herstellerfirma. Und wenn diese anmarschiert, hat sie gefälligst die richtige Grafikkarte oder was auch immer dabei zu haben. Über die letzten Jahre haben beide Partner dazugelernt. Der Kunde akzeptiert mittlerweile eher, dass er keine 30-jährige Ersatzteilgarantie mehr erwarten kann. Er wird sich also darauf einstellen müssen, dass während der Lebensdauer seiner Maschine die Steuerung vielleicht mehrfach gegen ein neueres Exemplar ausgetauscht werden muss. Und die Lieferanten haben mittlerweile gelernt, die PC-Technologie ausreichend industrietauglich zu machen.

Viel schwieriger stellt sich die Situation im Bereich der Software und der Bedienung dar. Mit dem PC nahezu unlösbar verbunden sind nun einmal die wenigen noch verfügbaren Betriebssysteme wie Windows oder Linux. Und diese Systeme wurden ebenso im weitesten Sinne für die Büroanwendung konzipiert. Auch wenn einige „Hardcore-Freaks" solche Systeme ausschließlich über die Tastatur mit CTRL-X, CTRL-Z etc. bedienen können, so erfordert eine sinnvolle Nutzung ein so genanntes Navigationsgerät, mit dem man den Cursor auf dem Bildschirm bewegen und interaktiv agieren kann. Zu Hause haben wir dafür gemeinhin eine Maus. Im industriellen Bereich sieht die Situation leider völlig anders aus. An vielen Maschinen erfolgt die Bedienung im Stehen und eine ebene Rollfläche für eine Maus ist nicht vorhanden. Und selbst wenn sie vorhanden wäre, wäre unsere Maus nach wenigen Stunden in einer Fabrikhalle total verschmutzt oder schlichtweg abgerissen. Also muss sich die Industrie etwas Neues einfallen lassen. Aber auch hier wird man auf der Suche nach Alternativen – Mouse-devices genannt – schnell fündig. Da gibt es Joysticks, Rollkugeln (Trackballs), Touchpads, wie wir sie in nahezu jedem Notebook finden, oder Touchscreens, bei denen wir den Cursor über die Berührung des Bildschirms mit dem Finger steuern können. Und in Fortsetzung der PC-Billig-Logik sucht sich die Industrie schnell einen Mausersatz aus und baut ihn ein. So ist es nicht verwunderlich, wenn in vielen Maschinensteuerungen heute solche Mouse-devices eingebaut werden. Dabei ist es den Entwicklern offenbar völlig egal, in welcher Bedienhaltung der Mensch damit umgehen muss. Da werden Geräte, die auf dem Tisch mit dem Arm in Neutralstellung und Handauflage hervorragend funktionieren, kurzerhand in eine senkrechte Fläche eingebaut oder in bewegliche Steuerungsgondeln, die bei der kleinsten Berührung schon nach hinten wegschwenken. Die hierfür erforderliche Handhaltung ist dann leider so, dass erstens keine feinmotorischen Bewegungen möglich sind und zweitens die Hand nach wenigen Minuten mit deutlichen Schmerzsignalen reagiert. Zwar sind die klassischen Erkenntnisse der Ergonomie und damit der optimalen und schädigungsfreien Arbeitshaltung seit Jahrzehnten bekannt, aber in der Praxis führt der Zeit- und Kostendruck, unter dem heutige Firmen arbeiten, leider zu solchen Fehlkonstruktionen. Wenn man die Eignung der Mouse-devices wissenschaftlich in Anwendungstests untersucht, wird sehr schnell deutlich, dass viele dieser Geräte in der richtigen Einbaulage durchaus sehr gute Ergebnisse ohne jegliche Beeinträchtigung des Nutzers zeigen. Nur werden sie leider nicht so eingebaut. Auch hier werden die Hersteller noch viel dazulernen müssen.[3]

Einer sehr großen Beliebtheit erfreut sich mittlerweile der Touchscreen. Das ist ein normaler Bildschirm, vor den man eine durchsichtige berührempfindliche Scheibe gesetzt hat. Drückt der Nutzer mit seinem Finger auf diese Scheibe, so wird die Fingerposition elektronisch gemessen und quasi wie eine Mausposition an das Betriebssystem geleitet. Und da man die „Tasten" und „Schalter" nun ausschließlich virtuell auf dem Bildschirm hat, kann man sie ohne teure Hardwareänderungen sehr schnell wechselnden Einsatzbedingungen oder unterschiedlichen Sprachversionen anpassen. Eine feine Sache vor allem für ungeübte Nutzer, weil die Eingabe vergleichsweise intuitiv vonstatten geht. Deswegen finden wir diese Technik mehr und mehr bei allen möglichen Geräten, vor allem bei Verkaufsautomaten. Aber ein Touchscreen allein macht noch kein nutzergerechtes Gerät. Und die Bedienung einer typischen Windows-Systemoberfläche ist damit meistens unmöglich. Die Größe der Fingerkuppe – eventuell noch vergrößert durch einen Arbeitshandschuh, den der Nutzer vielleicht trägt –

definiert hier ganz klar die Größe der Interaktionselemente. Und einen dieser Windows-typischen Slider oder Scrollbalken zu packen und mit dem Finger auf der Glasoberfläche zu verschieben, sollte man gar nicht erst versuchen. Also müssen die Bediensysteme für Touchscreengeräte auch diesen veränderten Nutzungsrandbedingungen angepasst werden. Ein weiteres Problem ist darin zu sehen, dass nun der Finger bzw. die ganze Hand wichtige Dinge auf dem Bildschirm verdeckt. Die Anordnung und auch Beschriftung von Bedienelementen sollte daher so gestaltet werden, dass sie trotz Abdeckung durch Finger oder Hand noch gut ablesbar bleibt.

Gerade im Maschinenbauumfeld geht es ja meistens nicht sehr klinisch rein zu. Ein Maschinenbediener hat nun einmal häufiger ölige Finger als sein Bürokollege und er wird kaum vor jeder Steuerungsbedienung seine Finger in Spülmittel baden. So werden die Touchscreens relativ schnell verschmutzen, was die Lesbarkeit stark reduziert. Also putzt der Nutzer gern einmal mit einem Lappen darüber und löst dabei, natürlich ungewollt, alles an Funktionen aus, was er mit seinem Lappen berührt. Ein Touchscreen in einer Maschinensteuerung braucht also eine Reinigungsfunktion, mit der der Nutzer die Berührungssensorik vorübergehend abschalten kann. In der Realität hat der Mensch noch eine andere sehr kreative Technik entwickelt, mit diesem Problem zumindest leben zu können. Er berührt den Bildschirm nicht mit seiner verschmutzen Fingerkuppe, sondern mit dem meistens eher sauberen Fingerknöchel.

Ein weiterer wesentlicher Unterschied zwischen der Bürowelt und der Bedienung technischer Anlagen liegt in der Priorität der Nutzung. An einem Büroschreibtisch geht normalerweise alle Aktivität vom Nutzer aus. Er öffnet ein Eingabeformular, bearbeitet es und schließt es wieder. Und wenn er zwischendrin von seinem Kollegen zu einem Schwätzchen verleitet wird oder das „stille Örtchen“ aufsuchen muss, kein Problem – das System wartet auf ihn. Im Bereich des Maschinen- und Anlagenbaus sieht die Situation hingegen völlig anders aus. Wenn z. B. eine chemische Reaktionskolonne eine überhöhte Temperatur feststellt, so kann der Nutzer nicht ewig mit seiner Reaktion warten, sondern muss möglichst umgehend handeln. Angenommen, er steht vor einer PC-basierten Prozesssteuerung, auf der eines dieser Windows-Systeme installiert ist, so wäre es sicher wenig hilfreich, wenn er sich erst durch zwölf offene Fenster kämpfen müsste, bevor er die Quelle der Störung erkennt. Hier müssen also neue Regeln definiert werden, wie fensterbasierte Bediensysteme zu gestalten sind.

Ein weiterer Trend industrieller Systeme ist der Einzug von Netzwerken. Kaum noch eine moderne Produktionsmaschine wird ohne eine Anbindung an ein Intranet betrieben. Damit kann man sehr effizient Programmdaten oder wichtige Produktionsdaten zum und vom Firmenserver übertragen. Aber dies ist nur der Anfang. Da die Intranets heutzutage meistens in irgendeiner Form auch in Verbindung zum Internet stehen, bieten sich plötzlich völlig neue Möglichkeiten. Dazu gehört z. B. der so genannte Teleservice. Wenn ich eine aktuelle Anleitung benötige, wieso soll ich dann erst im Betriebsbüro nach dieser (meist schon veralteten) suchen. Ich kann sie mir doch online vom Hersteller herunterladen. Und der Hersteller kann jederzeit Software-Updates einspielen oder vor dem Entsenden eines Monteurs schon einmal den Fehlerzustand der Maschine aus der Ferne analysieren. Und wenn dieses erst einmal möglich ist, kommt der Bediener natürlich und fragt den Hersteller: „Wieso habe ich eigentlich keinen Internet-Browser auf meiner Steuerung? Das kostet doch nichts.“ Der Hersteller gibt schließlich nach und installiert einen, denn es kostet ja wirklich nichts. Und wenn die Maschine ohnehin über Stunden im Automatikbetrieb arbeitet, wieso soll der Maschinenbediener dann nicht im Internet herumstöbern können? So ist es mittlerweile bei mehreren Installationen abgelaufen. Doch dann „knallt" es plötzlich im Prozess und schon muss der Maschinenbediener reagieren. Doch der ist womöglich mit seinen Gedanken weit weg vom Prozess in den Weiten des Internets. Jetzt muss er da zunächst einmal „mental" wieder herauskommen, dann seine ganzen nutzlosen Fenster schließen, bis er schließlich an der Fehlermeldung angekommen ist und hoffentlich noch rechtzeitig reagieren kann.

„Unsinn", werden sicher viele Leser mit industriellem Background sagen, „bei uns gibt es so etwas nicht." Gut so! Doch wie lange werden sie diesen „Unsinn" aufhalten können? Bei steigendem Automatisierungsgrad und in einer Zeit, in der Teleservice über das Internet zum Standard gehört, mit jüngeren Maschinenbedienern, für die das Internet ein Teil des täglichen Lebens ist, ist das nur eine Frage der Zeit. Bei einer Umfrage unter vielen deutschen Maschinenbauunternehmen im Jahr 1995 haben wir gefragt, mit welchen Interaktionstechniken man zukünftig zu arbeiten gedenkt. Dabei antworteten nahezu alle Befragten: ausschließlich über Tastaturbedienung! Die Notwendigkeit einer Maus, eines Touchscreen oder von etwas Ähnlichem wurde im Maschinenbau nicht gesehen. Und eine Netzwerkanbindung der Maschinen wurde ebenso von der großen Mehrheit abgelehnt. Auf einer großen Maschinenmesse im Jahr 2004 hatten schon 60 Prozent der dort ausgestellten Maschinen ein Mouse-device zur Bedienung eingebaut und eine Netzwerkanbindung wurde von fast allen Ausstellern zumindest als Option angeboten. Zwischen diesen beiden Beobachtungen liegen neun Jahre. Ich bin mir allerdings sehr sicher, dass wir nicht weitere neun Jahre brauchen, bis alle neuen Maschinen mit diesen Features ausgestattet sein werden.

Der Bereich industrieller Anwendungen war einmal ein sehr konservativer Bereich, in dem sich neuere Technologien erst durchsetzten, wenn sie quasi schon an jeder Straßenecke zu kaufen waren. Das ändert sich mit großen Schritten. Wie die beschriebene Problematik der Windows-Bedienung zeigt, folgt man mittlerweile schneller den Modetrends aus dem Konsumgüterbereich. Allerdings macht man sich dabei weniger Gedanken über die veränderten Randbedingungen und die daraus resultierenden Folgen für die Maschinen- und Anlagenbedienung.

Wie noch zu zeigen sein wird, ist es für jedes Unternehmen unabdingbar, sich an den Wünschen und Forderungen des Marktes und damit an den Kunden zu orientieren. Dies hat nicht nur Auswirkungen auf die Produkte, sondern eben auch auf die Produktionsstrukturen. So wurden durch einige vergleichende Untersuchungen[4] zu Beginn der 90er-Jahre deutsche Unternehmen gern als schwerfällig und wenig kundenorientiert gebrandmarkt. Darauf reagierte die Industrie in den Folgejahren erstens mit einer totalen „Verschlankung" ihrer Prozesse (und leider auch des Personalbestands) sowie zweitens mit einer strikten Produktorientierung. Jetzt zählte nur noch der „Profit", den man mit einem Produkt erwirtschaftete. Und um den Profit zu optimieren, zerlegte man zumindest in vielen Großunternehmen die Firma in viele kleinere und damit überschaubare „Profit" oder „Product Centers". Diese Strategie funktionierte zunächst hervorragend, denn sie mobilisierte die Eigenverantwortung und machte die Markteinflüsse deutlicher spürbar. Doch die Profit Centers nahmen ihre neue Eigenständigkeit ernst und scherten sich wenig um das Ganze.

Gegen Ende der 90er-Jahre kam eine neue Herausforderung des Marktes auf die Unternehmen zu. Die großen Kunden wollten nicht mehr viele Einzelgeräte zusammenkaufen, sondern suchten Systemlieferanten, denen sie einen Großteil der Engineeringarbeit übertragen konnten. Und der Lieferant möchte natürlich als ein solcher Systemlieferant erkennbar sein. Damit stand plötzlich wieder das Gesamtunternehmen im Vordergrund. Das hatte mittlerweile ein Sammelsurium an Einzelgeräten anzubieten, denen eigentlich nur noch das Firmenschild gemeinsam war. Da sie in unterschiedlichen Product Centers ohne eine gemeinsame Leitlinie entwickelt wurden, unterschieden sie sich nicht nur im Design, sondern auch in der Handhabung und Bedienphilosophie. Seit einigen Jahren ist ein deutlicher Trend zu verspüren, eine klare Designlinie zu entwickeln, über die die Kunden alle Geräte eines Herstellers sofort wieder erkennen können. Angefangen hat das mit einer Vereinheitlichung des klassischen Produktdesigns. Dieses nannte man fortan „Corporate Design" und verstand darunter im weiteren Sinne die einheitliche visuelle Kommunikation zum Kunden. Doch man lernte sehr schnell, dass der Kunde eine Maschine nicht nur über ein einheitliches Farbkonzept, ein gut gemachtes Firmenlogo oder einheitliche Kleidung der Servicemitarbeiter bewertet, sondern vor allem auch über einheitliche Benutzungsphilosophien. Wenn ein Kunde einen Systemlieferanten auswählt, möchte er eben auch, dass seine Maschinenbediener problemlos von der Maschine A an die Maschine B wechseln können, ohne einen neuen Lehrgang belegen zu müssen. Viele große Unternehmen haben dies mittlerweile erkannt und einheitliche Richtlinien zur Gestaltung der Maschinen- bzw. Anlagenbedienung erarbeitet. So etwas nennt man neudeutsch „Corporate Styleguide". Der Kunde wird diese durchaus nicht einfache Arbeit honorieren, denn er wird Bedienstrukturen und Vorgehensweisen maschinenübergreifend erlernen und anwenden können. Und damit wird die Motivation des Kunden gestärkt, dem Hersteller auch bei künftigen Kaufentscheidungen treu zu bleiben.

In Gesprächen mit Produzenten spürt man immer wieder Skepsis, was die Vereinheitlichung von Bediensystemen angeht. Zu unterschiedlich seien die Geräte und letztlich auch die Nutzer. Die vielen Projekte, die wir mittlerweile durchgeführt haben, machen hingegen sehr deutlich, dass eine solche Vereinheitlichung nicht nur möglich ist, sondern zu einer deutlichen Verbesserung der Kundenzufriedenheit führt. Und das Vorhandensein eines firmeninternen Styleguides wird von den betroffenen Entwicklern nur zu Beginn als behindernd empfunden. Schnell begreifen sie, dass ein solcher Styleguide einen guten Leitfaden darstellt, an dem sie sich orientieren können. Die Erfahrung zeigt allerdings auch, dass ein solcher Styleguide nur dann von den Entwicklern akzeptiert wird, wenn er einen guten Mittelweg zwischen den notwendigen Vereinheitlichungen und den nach wie vor wichtigen Freiheiten zur Berücksichtigung von Produktbesonderheiten beschreibt.

Ein Styleguide ist zunächst nur das Papier wert, auf dem er gedruckt wurde. Zur Akzeptanz gehört sicher einerseits die Einsicht aller Entwickler, dass der Styleguide notwendig ist und andererseits die unmissverständliche Maßgabe der Firmenleitung, diesen als einen unverzichtbaren Baustein der Corporate Identity zu vermitteln.

Im industriellen Bereich ticken die Uhren gemeinhin etwas langsamer, was die Übernahme von IT-Innovationen angeht. Mittlerweile hat man aber auch hier erkannt, dass man nicht länger auf die Forderungen des Marktes reagieren kann, sondern den Markt aktiv mit eigenen Innovationen zu gestalten hat. Viele Unternehmen sehen daher eine nutzergerechte Gestaltung ihrer Produkte als ein wichtiges Marketinginstrument an und sind bereit, die Nutzerorientierung in ihre Entwicklungsprozesse zu integrieren.

70 Der Trend zum Zweitbuch …

Die Bedienungsanleitung als Buch mit sieben Siegeln

Meine Tochter kam neulich mit einer Hausaufgabe für den „technikversierten Papa" nach Hause. Sie hatte von ihrem Lehrer eine DVD bekommen, die er mangels eines DVD-Players im Klassenraum nicht vorführen konnte. Und als er fragte, ob jemand zu Hause die Möglichkeit hätte, eine Kopie davon auf Videokassette zu machen, muss meine Tochter wohl „hier" gerufen haben. Da wir ein VHS-DVD-Kombigerät haben, sollte dieser Auftrag schnell zu erledigen sein. Damit hatten wir es wieder: ein Problem! Meine Versuche scheiterten kläglich. Was macht man da? Man liest ein Buch, natürlich nicht irgendeines, sondern die Bedienungsanleitung. Diese stammt aus Korea, was mir egal ist, wenn ich sie denn auf Deutsch lesen kann. Doch dieses Werk brachte mich zur Verzweiflung. Da werden Knöpfe und Displayanzeigen ausführlichst beschrieben, aber wie ich eine simple Aufgabe wie das Überspielen einer DVD auf eine Videokassette löse, steht dort nicht. Offensichtlich wurde die Bedienungsanleitung von einem Entwicklungsingenieur geschrieben, der in Knöpfen, Anzeigen und Funktionen denkt, aber nicht in Nutzeraufgaben.

Da wird seit Jahren geklagt, dass die Menschen immer seltener zum Buch greifen. Alles Unsinn! Der Mensch kauft andauernd neue Bücher – allerdings nicht im Buchladen, sondern als kostenlose Beigabe zu jeglichem Elektronik-Schnickschnack. Das nennt man Bedienungsanleitung oder neudeutsch „Manual". War deren Lektüre früher eine Minutenangelegenheit, so können sich solche Anleitungen heute zumindest umfangmäßig fast schon mit „Harry Potter" messen.

In meinem Haushalt habe ich einmal alles aus den Schränken gekramt, was nach einer Bedienungsanleitung aussah. Und da ich ein halbwegs ordentlicher Mensch bin und sämtliche Manuals aufbewahre, habe ich stattliche neun Kilogramm an derartiger „Literatur" auf die Waage gebracht. Nicht eingerechnet die vielen kleinen Heftchen, die eher einem chinesischen Daumenkino ähneln als einem Buch. Doch wer liest das alles und vor allem, wer behält das? Blättert man diese „Bücher" durch, erkennt man sehr schnell, wo die Probleme liegen. Meistens wird man zunächst einmal als mündiger Kunde begrüßt, dem man dafür danken möchte (oder muss?), dass er nun gerade dieses Wunderwerk der Technik erstanden hat. Dann werden ausladend oder in ingenieurmäßiger Kompaktheit die technischen Funktionen erläutert. Die kann man nun verstehen oder auch nicht, man wird es ohnehin nach kurzer Zeit wieder vergessen. Das menschliche Gehirn ist ständig bemüht, nur das zu speichern, was der Mensch auch wirklich braucht. Und diese Speicherung erfolgt nicht funktional, sondern kontextbezogen. Nur wenn ich die Informationen in den Kontext einer Handlung oder eines Gesamtbildes bringe, wird das Langzeitgedächtnis damit umgehen können. Eine gute Anleitung muss daher solche Kontexte aufzeigen, die dann wiederum die Grundlage für mentale Modelle sind. Leider sind wir noch weit davon entfernt. Zwar verlangt das Produkthaftungsgesetz von

ABB. 7–10 Wie der Einzelne sich die Bedienung eines neuen Handys aneignet, das hat die Firma Siemens 1999–2000 in einer interkulturellen Studie untersucht – mit interessanten Ergebnissen.

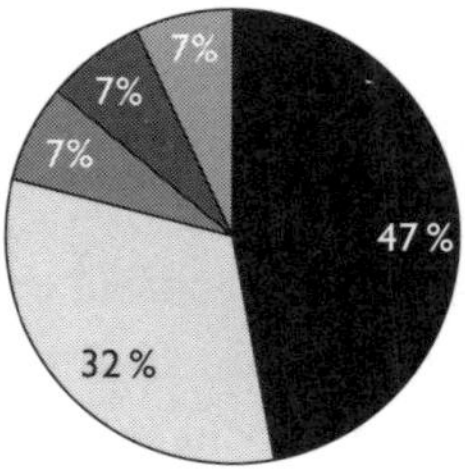

ABB. 7: Deutschland

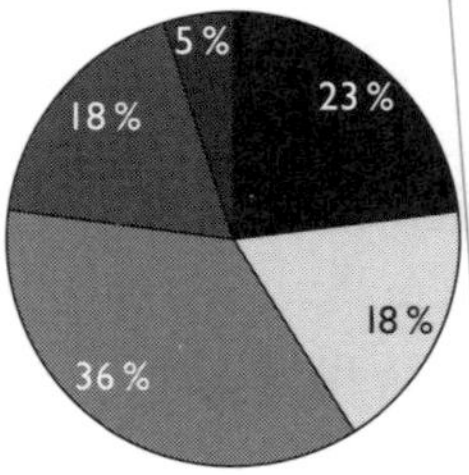

ABB. 8: Italien

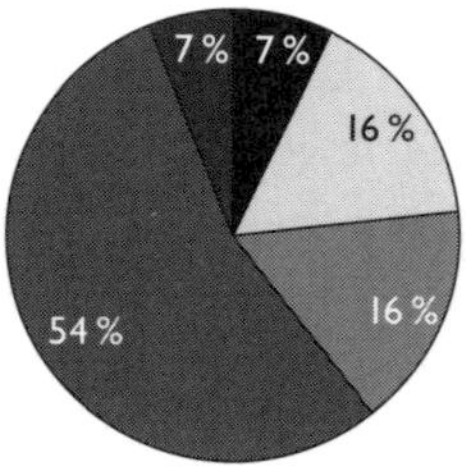

ABB. 9: Indien

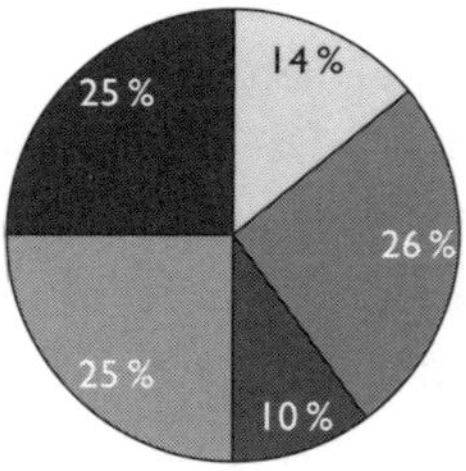

ABB. 10: China

- Anleitung lesen
- Lesen und Probieren
- Versuch und Irrtum
- Freunde fragen
- Verkäufer fragen
- Nachahmung

Der Trend zum Zweitbuch ...

jedem Hersteller entsprechende Gebrauchsanleitungen, doch über deren Gestaltungsanforderungen wird wenig gesagt.

Die Deutschen sind bezüglich der Nutzung von Bedienungsanleitungen die Ausnahme. Die Firma Siemens hat eine weltweite Untersuchung zur Handynutzung durchgeführt und dabei auch danach gefragt, wie der Einzelne die Bedienung eines neuen Handys normalerweise erlernt. Während die Deutschen demnach immerhin zu 47 Prozent die Bedienungsanleitung zur Hand nehmen und durchlesen, sieht das in anderen Teilen der Welt ganz anders aus. Nach der Siemens-Studie[1] über die Handy-Nutzung lesen in Indien nur sieben Prozent die Anleitung, in China gar null Prozent. Dafür steht in anderen Kulturen offenbar der Mensch im Vordergrund, denn dort fragt man am liebsten Freunde oder den Verkäufer. Und auch das Lernen durch Nachahmen hat in fernöstlichen Kulturen traditionell einen sehr viel höheren Stellenwert als bei uns.

Diese Ergebnisse könnten uns zu einer simplen Verbesserungsidee bezüglich Bedienungsanleitungen führen. Wenn Bedienungsanleitungen offenbar nur für Deutsche gemacht werden müssen, kann man sie doch auch gleich auf Deutsch schreiben. Wieso muss ich mich immer erst durch Englisch, Japanisch, Dänisch und Arabisch kämpfen, bevor ich endlich bei der deutschen Version angelangt bin? Vielleicht dient das ja der sprachlichen Bildung. Aber sollte dann nicht die deutsche Version in Deutsch verfasst sein und nicht in „deutschchinesisch-englisch"? „Wenn kommen bee-bee, dann schalten an Handel auf …", stand in einer fernöstlichen Mikrowellenanleitung zu lesen und ich habe lange gerätselt, was denn „bee-bee" sein könnte. Erst ein pfiffiger chinesischer Mitarbeiter kam auf die gute Idee, dass damit das Geräusch gemeint sein könnte, das das Gerät von sich gibt, wenn die Zeit abgelaufen ist. Die Menschen in Fernost orientieren sich wesentlich stärker an Bildern, als wir dies gemeinhin machen und so ist es nicht verwunderlich, dass Anleitungen, die ihren Ursprung in Fernost haben, für einen Westeuropäer gelegentlich eher unverständlich oder lustig sind. Umgekehrt dürfte es wohl kaum anders sein.

Im Übrigen gilt auch hier Murphy's Law: Wenn man die Bedienungsanleitung am dringendsten benötigt, findet man sie nicht. Als ich vor einigen Jahren mit meinem neuen Camcorder in die Ferien gefahren bin, hatte ich natürlich keine Anleitung dabei. Und prompt stellte mich das Gerät nach einigen Tagen auf die Probe. Nachdem ich die Bandkassette gewechselt hatte, blinkte im Sucher ständig ein Symbol, dessen Sinn ich nicht im entferntesten deuten konnte. Nach mehreren undokumentierten Urlaubstagen hat mich ein freundlicher Fotohändler aufgeklärt, dass – aus welchen Gründen auch immer – die Aufnahmesperre dieser Kassette aktiviert war.

Am besten wäre es, wenn man gar keine Anleitung benötigte. Wenn alle technischen Geräte so gestaltet wären, dass sie intuitiv richtig bedienbar wären. Doch das ist unrealistisch. Intuitive Bedienbarkeit bedeutet nichts anderes als die Aktivierung bereits erlernter Vorgehensweisen zur Bedienung technischer Systeme. Und dies wird man nur erreichen können, wenn man erstens die Anzahl der Varianten auf ein Maß reduziert, das noch im Gehirn gespeichert werden kann und zweitens das Grundprinzip einer möglichst weitgehenden Offensichtlichkeit technischer Funktionalitäten berücksichtigt. Praktisch hieße das dann z. B., dass man sich weltweit auf eine Variante zur Einstellung etwa einer Uhr in einem Gerät einigt und diese Einstellung so gestaltet, dass sie für jeden Nutzer sofort erkennbar ist. „Eher geht ein Kamel durch ein Nadelöhr", heißt es schon in der Bibel. Und das trifft auch auf die intuitive Bedienbarkeit zu. Es wird sie nicht geben, weil sowohl der Markt als auch die Kultur dies nahezu unmöglich machen.

Damit genug der Beschreibung der mannigfachen Probleme zwischen Mensch und Maschine. Viel wichtiger erscheint die Frage nach einer vertieften Ursachenforschung und möglichen Lösung dieser Probleme. Die Lösung kann dabei sicher nicht darin bestehen, vom flexiblen Menschen zu verlangen, sich einer beliebigen technischen Lösung anzupassen. Stattdessen sollte die Anpassung der Technik an den Menschen mit seinen Fähigkeiten und Grenzen zur Leitlinie der technischen Entwicklung werden. Im Folgenden werde ich daher versuchen, den Ursachen auf die Spur zu kommen. Und hier möchte ich mit dem wichtigsten Themenfeld beginnen, nämlich dem Wissen über den Menschen.

Intelligente Technik für dumme Menschen?
– Eine Analyse

Wir setzen zuviel Vertrauen in Systeme und blicken zu wenig auf Menschen.
Benjamin Disraeli

Der intelligente Versager ... Der Mensch, seine Stärken und Schwächen

Vor einigen Jahren sprach mich ein Mitarbeiter eines CAD-Systemanbieters nach einem Vortrag an und konfrontierte mich mit einer interessanten Frage. Ich hatte gesagt, dass man viele Grenzwerte der menschlichen Informationsaufnahme und -verarbeitung kennt. Also fragte er mich, ob wir ihm nicht eine Prüfsoftware entwickeln könnten, die Bildschirmmasken – die bei CAD-Anwendungen sehr umfangreich sein können – auf eine Informationsüberflutung für den Nutzer überprüft und im nächsten Schritt dann vielleicht sogar automatisch verbessert. Wenn wir so etwas hätten, wären wir fein heraus. Schlechte Useware hinein, ein wenig „schütteln", gute Useware heraus. Doch leider funktioniert das nicht, denn der Mensch ist zwar bestens vermessen, was seine sensorischen Leistungen angeht, aber immer noch ein Rätsel, wenn es um die sehr komplexe Informationsverarbeitung auf der Bewusstseinsebene geht.

Mensch und Maschine sind Kommunikationspartner, die sich in ihren Eigenschaften und Fähigkeiten wesentlich unterscheiden. Während die technische Ausführung von Maschinen hinsichtlich Funktionen, Bedienkonzepten, Automatisierungsgrad etc. vom Konstrukteur in weiten Grenzen variabel gestaltet werden kann, ist der Mensch als Anwender und somit Kommunikationspartner einer Maschine durch weitgehend festliegende Fähigkeiten und somit auch Grenzen gekennzeichnet. Andererseits sind die Eigenschaften und das Verhalten einer Maschine über ihre Lebensdauer in der Regel konstant, während der Mensch in der Lage ist, sich permanent auf neue Anforderungen einzustellen. Der Mensch ist also zwar beschränkt in Wahrnehmung und Informationsverarbeitung, gleichzeitig aber sehr flexibel in der Lage, neue unbekannte Problemstellungen zu lösen.

1965 beschrieb der amerikanische Halbleiter-Pionier Gordon E. Moore einen Zusammenhang zwischen der Anzahl der Transistoren auf einem Chip und der Zeit. Dieser fortan als Moore'sches Gesetz bezeichnete Zusammenhang besagt im engeren Sinne, dass sich die Anzahl der Transistoren alle 18 Monate verdoppelt.[1]

Der kanadische Designer William Buxton leitete daraus sein Gesetz, das so genannte „Buxton's Law“ ab, in dem er von der Verdoppelung der Transistoren pro Chip auf ein vergleichbares Wachstum der daraus resultierenden technischen Funktionalität schloss. Vereinfacht ausgedrückt heißt das, es wird morgen immer mehr Funktionalität geben als heute.[2] Demgegenüber stellt er das göttliche Gesetz, „God's law“, welches besagt, dass die Leistungsfähigkeit des menschlichen Gehirns bezogen auf die Gattung Mensch konstant ist. Sicher hat der Mensch in den letzten tausend Jahren viel Neues erlernt, aber seine physiologische Leistungsfähigkeit kann man als nahezu konstant ansehen. Die Neuronen in unserem Gehirn feuern nicht schneller und unsere Denkvorgänge laufen nicht schneller ab als vor tausend Jahren.

Der Mensch als Maß der Dinge Vor diesem Hintergrund scheint es sinnvoll, dass der Mensch das Maß aller Dinge in der Technikentwicklung sein muss. Wenn die Industrie Produkte entwickeln würde, die ausschließlich der Strategie des technologisch Machbaren folgten, wären sie vom Menschen nicht mehr beherrschbar.

Die technische Entwicklung muss sich anders gesagt am Menschen mit seinen Fähigkeiten und damit auch Grenzen orientieren. Das Wissen um diese menschlichen Fähigkeiten ist insofern eine Kardinalvoraussetzung.

Doch so einfach, wie Buxton die Situation zeichnet, ist sie in der Realität natürlich nicht. Die Leistungsfähigkeit des menschlichen Gehirns kann man vielleicht rein biophysikalisch als konstant ansehen. Auf der kognitiven Ebene der bewussten Wahrnehmung werden die Dinge dagegen deutlich komplizierter. In den letzten 20 Jahren wurden immer wieder Versuche unternommen, den Menschen nicht nur in seinen physischen, sondern auch in seinen kognitiven Eigenschaften zu vermessen und zu modellieren. Zwar lassen sich für viele Fähigkeiten quantitative Grenzwerte ermitteln, doch sind sie meist wenig hilfreich, wenn es um die Vorgänge auf den höheren kognitiven Ebenen geht. Das menschliche Gehirn ist bestens dafür ausgelegt, neue Gegenstände zu erfassen, Vorgehensweisen zu erlernen und die über die Sensoren aufgenommene Information sehr flexibel auf ein Maß zu reduzieren, das der folgenden kognitiven Verarbeitung angepasst ist. Darüber hinaus wird die kognitive Leistung des Menschen stark von physischen und physiologischen Randbedingungen beeinflusst. Stress, Unwohlsein, persönliche Probleme oder auch Alkohol beeinflussen diese Grenzwerte meist negativ. Hingegen wirken Erfolgserlebnisse, Glücksgefühl oder etwa Ausgeruhtheit meist positiv. Diese Zusammenhänge bezeichnet die Wissenschaft auch als

„Black Box“ des menschlichen Verhaltens, da weder für den Außenstehenden noch für den Einzelnen selbst zu erkennen ist, welchen Einflüssen der jeweils betrachtete Mensch unterliegt. Diese Einflüsse wirken unterschiedlich stark auf die Fähigkeiten des Individuums und werden von Psychologen als Disponenten für die intra- und interindividuellen Unterschiede beim Menschen klassifiziert.

Entwickler neigen nicht selten dazu, die Fähigkeiten des Menschen zu überschätzen und stillschweigend davon auszugehen, dass sich der flexible Mensch an die unflexible Technik anzupassen hat. Die Folge davon sind lange Schulungszeiten, Stress am Arbeitsplatz oder Angst vor Fehlern. Hier gilt es, ein neues Verständnis zu schaffen, in dem der Mensch mit seinen Fähigkeiten im Mittelpunkt steht und die technischen Geräte konsequent auf seine Fähigkeiten ausgerichtet werden. Diese Vorgehensweise wird auch als Human-Centered-Design bezeichnet.

Der vermessene Mensch Zur Anpassung von Bediensystemen an den Menschen als Bediener sind zunächst einmal grundlegende Kenntnisse über dessen Informationsaufnahme und -verarbeitung notwendig. Dazu gehören

- die *Informationsaufnahme*, mit der über die Sinne Sehen (visueller Sinn), Hören (auditiver Sinn), Tasten (taktiler Sinn), Gleichgewicht (vestibulärer Sinn), Bewegung (kinästhetischer Sinn), Riechen (olfaktorischer Sinn) und Schmecken (gustatorischer Sinn) Daten aufgenommen werden,
- die *Wahrnehmung*, d. h. die Verdichtung und Interpretation der über die Sinne aufgenommenen Daten zu Informationen (Erkennung symbolischer Elemente und struktureller Muster),
- die *Kognition*, d. h. die zielgerichtete Verarbeitung der verdichteten und interpretierten Informationen (eigentliche Denkleistung mit Problemlösungsstrategien),

- das *Handeln*, d. h. die Umsetzung der während der Kognition ermittelten Ergebnisse in Handlungspläne und
- die *Motorik*, d. h. die Ausführung der Handlungspläne durch die „Autoren“ wie Hand, Fuß, Auge oder auch die Stimme.

Einige Leistungsparameter des menschlichen Gehirns lassen sich durch entsprechende Experimente durchaus gut ermitteln. So lässt sich aus Versuchen errechnen, dass der Mensch circa 10 Mbit/s, das sind 80 Prozent seiner insgesamt aufgenommenen Informationen, über den visuellen Sinn, d. h. seine Augen, aufnimmt. Dieser immense Informationsstrom wird jedoch in einer ersten Phase der Informationsverarbeitung im Gehirn bereits sehr stark reduziert. Die externen Reize des sensorischen Systems treffen dabei auf abgegrenzte Bereiche des Gehirns, in denen neuronale Netze eine Mustererkennung durchführen. Die eingehenden Informationen werden einer Art Datenanalyse unterzogen und auf ihre Relevanz hinsichtlich des aktuellen Handlungsziels des Benutzers geprüft. Informationen, die relevant sein könnten, werden zur weiteren Verarbeitung an den so genannten Gegenwartsspeicher geleitet, unwichtige Informationen werden dagegen sofort ausgeblendet. Dieser Prozess wird unbewusst durch das Gehirn gesteuert. Ein kleiner Versuch soll die Informationsaufnahmefähigkeit unseres visuellen Systems verdeutlichen. Sie brauchen dazu lediglich eine Stoppuhr und eventuell einen Taschenrechner. Lesen Sie bitte die folgende Zeichenkette so aufmerksam, dass Sie sie wiederholen können, und stoppen dabei ihre Lesezeit:

SENTITTEDEREMSIAIZSDIS

Diese Zeichen sind die Buchstaben des Alphabets. Es lässt sich errechnen, dass jedes Zeichen des Alphabets unter der Annahme der gleich häufigen Verwendung aller Zeichen einen Informationsgehalt von 4,7 bit hat. Somit haben Sie circa 103 bit beim Lesen aufgenommen. Angenommen, Sie benötigten dafür sieben Sekunden, so haben Sie gerade einmal 15 bit/s gelesen. Im Zeitalter der Gigabits ein miserabler Wert, oder? Machen wir also einen neuen Test nach dem gleichen Muster. Diesmal lesen sie die folgende, doppelt so lange Zeichenkette und stoppen wieder die Zeit:

DIESES IST EIN TEXT MIT DER DOPPELTEN ZEICHENANZAHL

Angenommen, Sie sind diesmal auf eine Sekunde gekommen, dann haben Sie 206 bit in nur einer Sekunde gelesen, also 206 bit/s. Wie lässt sich diese Leistungssteigerung um nahezu den Faktor 14 erklären? Die Zauberformel heißt Erfahrung durch Training. Zunächst einmal unterliegt die Nutzungshäufigkeit unserer alphabetischen Zeichen keiner Gleichverteilung. In der deutschen Sprache kommt der Buchstabe „E“ am häufigsten vor, während ein „X“ am Ende liegt. Auch Buchstabenkombinationen helfen, die Informationsmenge zu reduzieren. Auf ein „Q“ folgt häufig ein „U“, auf ein „E“ häufig ein „I“. Hierdurch entstehen Redundanzen, die zur Reduzierung der Informationsmenge genutzt werden. Unter diesen Annahmen reduziert sich beispielsweise der Informationsgehalt eines Zeichens schon auf 3,5 bit. Auf der nächsten Ebene entstehen dann Silben, gefolgt von Wörtern, und den Wörtern ordnen wir eine inhaltliche Bedeutung zu. Unser Gehirn trainieren wir von Kindesbeinen an auf die Erkennung solcher Sinneinheiten und steigern damit die Erkennungsrate immens. Und was für Buchstaben gilt, gilt erst recht für Bilder.

Kommen wir noch einmal auf die informationstheoretische Betrachtung zurück. Würden wir unseren Leseversuch statistisch auswerten und dabei eine ausreichende Zahl von Testpersonen zwischen 15 und 80 Jahren untersuchen, so würden wir bestätigt finden, dass die Zuflussgeschwindigkeit in den Gegenwartsspeicher unseres Gehirns im Mittel circa 15 bit/s beträgt, dieser Wert ist allerdings stark altersabhängig. Maximalwerte von 18–20 bit/s erreicht man nur im Alter von circa 18 bis 30 Jahren und dies auch nur in einem ausgeglichenen Gemüts- und Bewusstseinszustand. Unter Stress oder beispielsweise Alkoholeinfluss sinken die Werte rapide ab. Im Gegenwartsspeicher bleiben diese Informationen etwa zehn Sekunden erhalten, woraus sich eine Speicherkapazität von rund 150 bit ergibt. Was in diesen zehn Sekunden nicht als sinnhaft erkannt wird, verschwindet wieder.

Vom Gegenwartsspeicher wird der verbleibende Teil der Information dann zum Kurzzeitspeicher – auch Kurzzeitgedächtnis genannt – weitergeleitet. Wie Versuche zeigen, beträgt hier die Zuflussrate nur noch circa 0,5 Bit/s. Dafür ist dessen Kapazität rund zehnmal so groß wie die des Gegenwartsspeichers, also etwa 1500 Bit. Aus diesen beiden Zahlen errechnet man eine Zeitdauer von 3000 Sekunden bzw. 50 Minuten. In dieser Zeit bei konstantem Zufluss würde also das Kurzzeitgedächtnis mit Information „vollgefüllt" sein. Auffällig ist, dass viele Tätigkeiten sich an diesem Zeitraum orientieren. So sind Schul- und Vorlesungsstunden oder Vorträge häufig auf 45 Minuten ausgelegt.

Aus dem Kurzzeitgedächtnis gelangt die Information schließlich in unseren Langzeitspeicher respektive das Langzeitgedächtnis. Wie schon der Name andeutet, bleibt sie hier über eine lange Zeit, womöglich lebenslang gespeichert. Der Informationszufluss in dieses Gedächtnis beträgt jedoch nur noch 0,05 Bit/s, also ein 1/300 dessen, was wir in den Gegenwartsspeicher aufgenommen haben. Obwohl die Forschungen noch längst nicht abgeschlossen sind, geht man davon aus, dass die Speicherkapazität des Langzeitgedächtnisses nahezu unbegrenzt ist. Allerdings liegt das Problem im Zugriff auf diese gigantischen Datenmengen. Hier zeigen Versuche und entsprechende Hochrechnungen, dass die bewusst nutzbare Kapazität des Langzeitgedächtnisses zwischen einer und einhundert Millionen Bit liegen dürfte.

Können Sie sich übrigens noch an den ersten Text unseres kleinen Lesetests erinnern? Was haben Sie gelesen? Und an den zweiten, doppelt so langen Text? Wahrscheinlich haben Sie die Zeichen des ersten Textes total vergessen, während Sie sich an den zweiten Text mit der doppelten Datenmenge (hoffentlich) noch erinnern werden. Die Datenspeicherung in unserem Gehirn funktioniert also offenbar unabhängig von der Rohdatenmenge. Das Gehirn speichert eben nicht die Schwarz-Weiß-Muster der Zeichen oder aber die Buchstaben ab, sondern die Bedeutung. Den zweiten Satz haben Sie deswegen behalten, weil er eine inhaltliche Bedeutung hat. Also müssen wir tiefer einsteigen und das Problem der Speicherung etwas ausführlicher betrachten.

Ein interessantes Phänomen stellt die Zahl Sieben dar. Ihr kommt in unserer Kultur eine große Bedeutung zu. Wer kennt nicht die vielen Märchen, in denen sieben Geißlein, sieben Zwerge oder sieben auf einen Streich vorkommen. In der Bibel findet man die sieben Todsünden und jeder von uns kennt den siebten Sinn oder das Buch mit den sieben Siegeln. Die Psychologie spricht von der magischen Zahl Sieben und meint damit einen unscharfen Bereich von 7 ± 2.

Nachdem wir einige Grenzwerte unseres Gehirns bereits kennen gelernt haben, lässt sich eine gewisse Begründung hierfür geben. Nehmen wir an, wir haben eine Vielzahl unterschiedlicher Gegenstände und sollen sie irgendwie ordnen. Versuche mit Probanden zeigen, dass sie in der Regel fünf bis neun Häufchen (Klassen) bilden. Dabei wird jedem Häufchen unbewusst eine bestimmte Eigenschaft oder Eigenschaftskombination so zugeordnet, dass wir bei einem neuen Gegenstand mit Ja/Nein-Fragen entscheiden können, zu welchem Häufchen er gehört. Es sind also fünf bis neun Ja/Nein-Entscheidungen bezüglich der Zuordnung zu treffen. Damit wird unser Gegenwartsspeicher mit $2^5 = 32$ bis maximal $2^9 = 512$ Bit belastet. Die magische Sieben ergibt also $2^7 = 128$ Bit und liegt damit genau im optimalen Bereich der Speicherfähigkeit unseres Gegenwartsspeichers.

Dieses Zahlenspiel hat durchaus eine tiefere Bedeutung. Es konnte in vielen Experimenten belegt werden, dass man nicht mehr als sieben Auswahlmöglichkeiten gleichzeitig auf einem Display anbieten sollte. Mehr als sieben Ziffern wird sich ein Mensch z. B. bei einer Passworteingabe kaum merken können, ohne noch einmal nachzuschauen, und Sätze mit mehr als sieben bedeutungstragenden Begriffen sind genau aus diesem Grund schlecht lesbar.

Eine Bank schickte mir neulich mit dem Hinweis auf ein neues EDV-System eine neue Benutzerkennung und ein neues Passwort für ein Online-Konto zu. Die Benutzerkennung war „GRDZU8890“ und das Passwort „GfrZyH79FrT“. Dazu wurde ich ausdrücklich darauf hingewiesen, dass ich mir diese Daten gut einprägen, keinesfalls aber irgendwo notieren solle. Ich würde gern einmal mit den Verantwortlichen dieser Bank ein kleines Experiment durchführen und sie bitten, sich diese Kennungen sagen wir innerhalb einer Minute einzuprägen. Dann würde ich sie nach zehn Minuten und vielleicht noch einmal nach einem Arbeitstag bitten, die Kennungen wieder aufzuschreiben. Was wäre wohl das Ergebnis? Haben Sie einmal darüber nachgedacht, wie viele Benutzerkennungen und Passwörter Sie mittlerweile besitzen? Es gibt kaum noch eine Internetanwendung, für die man keine Benutzerkennung benötigt. Seien es die vielen Bankapplikationen, Shopping-Portale, E-Mail-Konten oder Bonuspunktsysteme. Jedes verlangt nach einer Kennung, die man sich natürlich nicht aufschreiben, sondern merken soll. Und dabei sollen die Passwörter mindestens acht Zeichen lang sein, wovon mindestens zwei Zeichen Buchstaben und zwei Ziffern sein sollen. Natürlich nicht unmittelbar aufeinander folgend und damit bedeutungslos, versteht sich ja von selbst. Haben die Entwickler solcher Softwareanwendungen jemals etwas von der Leistungsfähigkeit der Gehirne ihrer Kunden gehört?

Man könnte nun auf die Idee kommen, die Güte eines Mensch-Maschine-Systems informationstheoretisch rechnerisch zu ermitteln, indem man die Informationsmengen bei einer bestimmten Bedienhandlung ermittelt und sie den oben beschriebenen Grenzwerten unter Berücksichtigung des Bedieneralters gegenüberstellt. Sie verraten also einer Anwendung ihr Alter und schon errechnet das System die Anzahl der Zeichen auf dem Bildschirm, die ein typischer Nutzer ihres Alters noch verarbeiten kann. Klingt vielleicht gut, funktioniert aber leider nicht! Wie im Folgenden noch deutlich werden wird, lässt sich die Wahrnehmung des Menschen eben nicht mit informationstheoretischen Methoden und Messgrößen wie bit/s hinreichend genau beschreiben. Stattdessen werden Informationen situationsabhängig zu Bedeutungen verdichtet. Wir können uns ohne größere Gehirnbelastung eine 13-stellige Telefonnummer oder unsere Kontonummer mitsamt Bankleitzahl merken, weil wir sie erstens durch fortwährenden Gebrauch eintrainiert haben und zweitens eine Bedeutung damit verbinden. Wenn wir über unseren visuellen Kanal die Ziffernfolge unseres Bankkontos erkennen, so werden eben nicht mehr zehn Ziffern gespeichert, sondern die Information „meine Kontonummer". Wir haben also die zehn Einzelzeichen zu einem neuen „Superzeichen", meiner Kontonummer, verdichtet. Diesen Vorgang nennt man „Chunking", und der Begriff „Chunk" bezeichnet dabei ganz allgemein eine sinntragende Informationseinheit. Das können Worte, Zahlen, Sätze, vor allem aber auch Bilder sein.

Wir haben einen kleinen Versuch dazu durchgeführt. Zufällig zusammengestellte Testpersonen unterschiedlichen Alters, Geschlechts und Bildung bekamen eine vierstellige PIN-Nummer sowie in einem zweiten Durchgang eine 12-stellige Kontonummer genannt. Diese sollten sie sich in fünf Minuten einprägen. Danach haben wir ihr Gedächtnis ein wenig abgelenkt, indem wir ein 15-minütiges Interview mit ihnen geführt haben. Nach dieser Ablenkung sollten sie die Zahl jeweils erneut eingeben. Eine weitere Überprüfung erfolgte nach 24 Stunden. Für den Versuch haben wir ihnen zwei Eingabetastaturen zur Verfügung gestellt: der einen Hälfte der Probanden eine traditionelle Zehnertastatur, wie wir sie an jedem Bankautomaten finden, und der anderen Hälfte eine Bildertastatur, auf der statt der Zahlen einfache Bilder wie ein Baum oder ein Hund dargestellt sind (siehe Abb. 11 bzw. 12). Hier waren die Testpersonen also gezwungen, sich Bilder zu merken.

Nach dem gesamten Versuch wurden sie erneut in einem Interview befragt, wie sie sich die Zahlen/Bilder gemerkt hatten. Das Ergebnis war wenig erstaunlich. Bei der vierstelligen PIN haben sich die meisten Testpersonen auf der Zifferntastatur eigentlich nicht die Ziffern gemerkt, sondern grafische Figuren (wie ein auf der Spitze stehendes Rechteck oder ein „V"), die durch die Zahleneingabe auf der Tastatur entstehen. Bei Gebrauch der Bildertastatur wurden Geschichten aus den einzel-

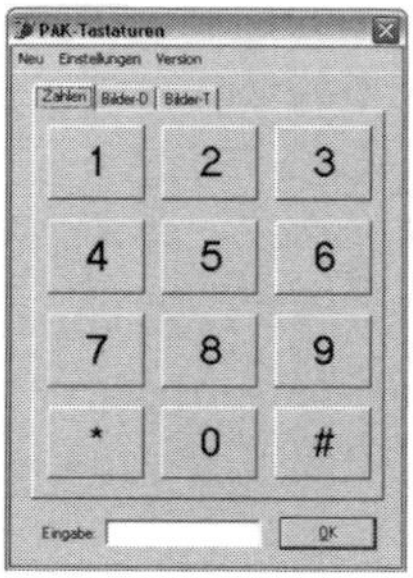

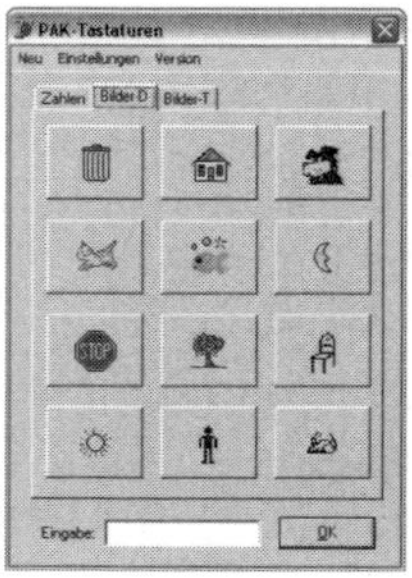

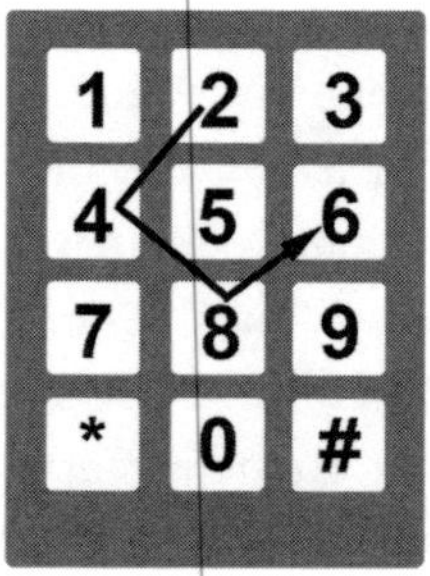

ABB. 11/12 Zifferntastatur und Bildertastatur sind interessante Varianten.

ABB. 13 Grafische Merkstruktur über einer Zifferntastatur

nen Bildern gebildet, was auch sehr gut funktionierte. Die Versuchspersonen, die mit der Bildertastatur gearbeitet hatten, haben sich also meist keine Einzelbilder gemerkt, sondern die Bilder zu einer kleinen Geschichte zusammengesetzt. So ist eine Testperson z. B. mit dem „Müll“ zum „Baum“ gegangen, dort stand aber schon ein „Mensch“ mit einem „Hund“. Bei der zwölfstelligen Zahl mit Zifferntastatur gab es hingegen andere Techniken. Hier bildeten die Versuchspersonen meistens Zahlengruppen von zwei oder drei Zahlen, die sie sich offenbar stark über den Klang und den Rhythmus beim Aussprechen merkten. Sie bildeten also kleinere Gruppen, die sie mit einer „Sprechmelodie“ in Verbindung brachten.

Erstaunlich war, dass die meisten Versuchspersonen in den abschließenden Interviews bis auf wenige Ausnahmen die Zifferntastatur bevorzugten. Bei weiterer Diskussion stellte sich dann aber heraus, dass vor allem die langjährige Gewöhnung an die Zifferntastatur zu dieser Bevorzugung führte. Die Bildertastatur war einfach neu und ungewohnt, was letztlich einen initialen Lernprozess erforderte. Man kann davon ausgehen, dass sich diese Meinung ändern dürfte, wenn man die Versuchspersonen über eine längere Zeit mit einer Bildertastatur konfrontieren würde.

Die Ergebnisse des kleinen Versuchs sind viel versprechend. Der Mensch, so lässt sich folgern, merkt sich in den meisten Fälle keine „Roh"-Ziffern, sondern Bilder im weitesten Sinne. Und dazu zählen genauso Sprechmelodien oder grafische Formen. Wenn dem so ist, muss man sich die Frage stellen, ob es dann nicht wesentlich bessere Methoden gibt, um solche Zahlen zu vermitteln. Vielleicht wäre statt eines vierstelligen Zahlencodes viel besser eine Figur, die über der Eingabetastatur bildlich dargestellt ist. Statt 2486 also besser das in Abb. 13 gezeigte Bild.

Aus alledem wird deutlich, dass es wenig Sinn macht, die Qualität einer Mensch-Maschine-Schnittstelle, also z. B. die Gestaltung einer Anzeige, rein mathematisch zu beschreiben, andererseits aber das Wissen um die vom Menschen aufnehmbaren Informationsmengen und die Prinzipien der Informationsverarbeitung und -speicherung notwendiges Basiswissen für jeden Entwickler sein sollten. Wenn wir Informationen auf einem Bildschirm beispielsweise so darbieten, dass sie einerseits das Chunking erleichtern und andererseits die Anzahl der Chunks auf circa sieben begrenzen, haben wir einen ersten Schritt in Richtung menschengerechter Gestaltung gemacht.

Der „behinderte" Mensch Neben dem unüberlegten Umgang mit Informationsmengen wird ein weiterer Fehler immer wieder gemacht. Die Kommunikation mit technischen Geräten reduziert sich mittlerweile fast ausschließlich auf den visuellen Sinn des Menschen. Ist der Mensch in den Augen der Entwickler so behindert, dass er nur noch ein Auge und einen Finger verlässlich nutzen kann? Oder wie ist es zu erklären, dass die

ABB. 14 Unterschiedliche Knopfformen in einem Flugzeugcockpit sprechen den Tastsinn an und erleichtern das Erfühlen des richtigen Schalters.

technischen Systeme fast ausschließlich über den visuellen und den taktilen Kanal interagieren? Das war nicht immer so. In älteren Geräten konnte man das Betätigen eines Schalters hören und der Finger konnte die Kraftaufwendung spüren. Und das Rauschen sowie das hörbare Knacken in der Leitung bei den alten, analogen Telefonsystemen war sicher nicht nur störend, sondern hat uns auch Rückmeldungen über den Zustand der Verbindung gegeben. In sicherheitskritischen Systemen wie z. B. Flugzeugen sucht man unterschiedliche Sinne anzusprechen. Im Flugzeugcockpit haben Schalter unterschiedliche Formen, damit man sie „erfühlen" kann, und eine Vielzahl wohl durchdachter Warn- und Hinweistöne begleiten visuelle Meldungen auf dem Bildschirm.

Auch in den modernsten elektronischen Fly-by-wire Systemen wird dem Piloten über eine künstlich erzeugte Kraft auf den elektronischen Steuerknüppel ein taktiles Feedback über den Ruderdruck gegeben. Doch damit nicht genug, auch der Geruchssinn wurde – zumindest bis vor kurzem – gezielt zur Kommunikation genutzt. So hatten ältere Flugzeuge im Cockpit einen so genannten Sniffer. Das ist ein Schlauch, den man sich an die Nase hält und dabei einen kleinen Lüfter einschaltet, der Luft aus dem Elektronikraum im unteren Teil des Flugzeugs hochbläst. Der menschliche Geruchssinn ist sensibel genug, um auch kleinste Probleme wie angeschmorte Kabel oder Ähnliches „riechen" zu können.

Die Reize der einzelnen Sinne werden nach aktuellem Kenntnisstand parallel verarbeitet und dabei entsprechende Muster und Merkmale abgeleitet. Für die Folgerung von Bedeutungen werden dann jedoch in der Phase der Wahrnehmung die Merkmale mehrerer Sinne miteinander abgeglichen und integrierend ausgewertet. Ein Schalthebel wird visuell erkannt, taktil erfühlt und zugehörige Schaltgeräusche werden akustisch aufgenommen. Es lässt sich durch Versuche nachweisen, dass der Mensch zu deutlich niedrigeren Fehlerraten in der Bedienung technischer Geräte kommt, wenn sich ergänzende und teilweise redundante Reize über mehrere Sinneskanäle aufgenommen werden. Auch hierfür gibt es ein schönes Beispiel aus dem täglichen Leben. Sie fliegen, sagen wir, nach Texas und möchten dort ein Hotel reservieren. Sie nehmen das erstbeste Telefon am Flughafen und rufen ein Hotel an. Die Dame an der Rezeption spricht kein Deutsch, Sie kein Spanisch und unter Englisch scheinen sie beide etwas völlig anderes zu verstehen. Schnell werden Sie feststellen, wie schwierig die Kommunikation in dem Fall ist. Nun fahren Sie zu dem Hotel, gehen an den Empfang und reden mit derselben Dame von Angesicht zu Angesicht. Und siehe da, nach kurzem Gespräch ist ihre Reservierung erledigt. Was ist der Grund für die plötzliche Verbesserung? Bei ihrem Versuch per Telefon haben Sie ausschließlich Ihren auditiven Sinneskanal nutzen können. Das nennt man auch „unimodale Kommunikation". Im zweiten Fall konnten Sie die Dame nicht nur hören, sondern auch sehen. Damit konnten Sie ihre Lippenbewegungen erfassen und ihre Mimik und Gestik erkennen. Und Sie konnten natürlich das Umfeld beobachten, um z. B. festzustellen, ob sie gerade mit einer Kollegin redet und nicht mit ihnen. Sie haben also wesentlich mehr Informationen parallel verarbeitet, aus denen Sie dann die richtige Interpretation des Gesprächsinhalts ableiten konnten. Und der Dame gegenüber ging es genauso. Diese Art der Kommunikation bezeichnet man als multimodal, da mehrere Sinneskanäle angesprochen werden. Daraus wird deutlich, dass uns die heutige unimodale Technik eines Großteils möglicher Informationen beraubt und somit dazu beiträgt, dass die Interaktion fehleranfälliger wird.

Ein weiteres interessantes Beispiel für die Wahrnehmung des Menschen ist die Wahrnehmung räumlicher Informationen. Auf den ersten Blick verbindet man räumliche Wahrnehmung mit räumlichem Sehen und damit wiederum mit der Auswertung zweier durch den Augenabstand leicht versetzt aufgenommener Bilder. Doch die Realität sieht bei weitem komplizierter aus. Halten Sie sich doch einmal ein Auge zu und beantworten sich selbst Fragen wie „Steht dieser Stuhl vor oder hinter dem Tisch?“. Sicher werden Sie sofort die richtige Antwort wissen, aber wieso funktioniert das auch mit einem Auge? Das Gehirn muss offenbar über weitere Fähigkeiten zur Wahrnehmung von räumlichen Informationen verfügen.

Und in der Tat, es lässt sich zeigen, dass der Mensch allein über das visuelle System zwölf verschiedene Techniken nutzt, um Tiefe zu erkennen. Sie sind zu unterteilen in:

- Die *okulomotorischen* Tiefenkriterien, die die Stellung der Augen und die Anspannung der Augenmuskulatur auswerten. Diese Kriterien funktionieren vor allem bei sehr nahen Objekten im Abstand kleiner 1,5–3 Meter.

- Die *monokularen* Tiefenkriterien, die auch mit einem Auge funktionieren und beispielsweise Informationen über die Verdeckung oder Überschneidung von Objekten oder über die Helligkeits- und Schattenverteilung auswerten. Hierbei fließt vor allem die Erfahrung mit in die Auswertung ein. So geht das menschliche Gehirn stets von einer Lichtquelle aus, die von oben die Szene beleuchtet (Analogie zum Sonnenlicht) und erwartet dementsprechende Helligkeitsverteilungen und Schatten. Helle Objekte werden als näher angesehen als dunkle und bei Objekten mit ähnlicher Dimension (z. B. Autos) wird das kleiner abgebildete weiter entfernt vermutet als das größer abgebildete.
- Die *bewegungsinduzierten* Tiefenkriterien, die zusätzliche Informationen über relative Bewegungen zwischen den Objekten und dem Betrachter auswerten. Sich schnell am Betrachter vorbeibewegende Objekte werden als näher empfunden als sich langsam bewegende, zumal auch hier die typische Geschwindigkeit vergleichbarer Objekte aus der Erfahrung mit in die Erkennung einfließt.
- Die *Querdisparation*, die die zwei unterschiedlichen Bilder der beiden Augen auswertet, ist die offensichtlichste Technik der Tiefenerkennung, funktioniert aber nur im Nahbereich bis circa 20 Meter.

Auch dazu ein Beispiel. Im linken Bild von Abb. 15 sehen Sie zwölf Striche. Schieben wir diese Striche zusammen, sehen Sie eine zweidimensionale Figur. Nun ordnen wir die Striche im dritten Bild nur ein klein wenig anders an und Sie sollten ein räumliches Gebilde erkennen: einen auf der Kante stehenden Würfel. Verstärken kann man diesen Effekt noch, wenn man Helligkeits- bzw. Schatteninformation hinzufügt, wie es das rechte Bild zeigt.

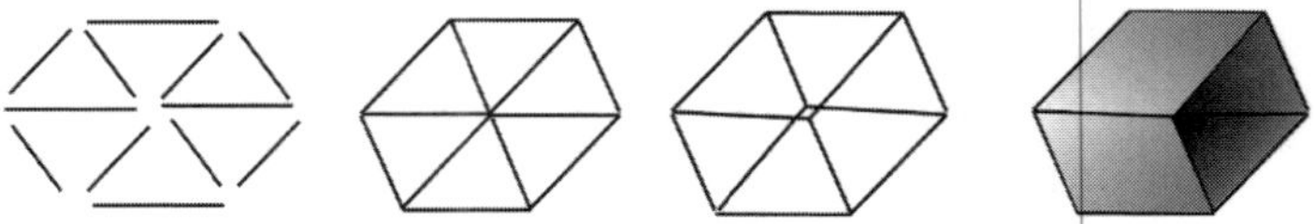

ABB. 15 Auch in 2D kann man 3D-Räumlichkeit erzeugen.

Auf allen vier Bildern von Abb. 15 sehen Sie aber nur eine zweidimensionale Zeichnung. Das Beispiel macht deutlich, dass räumliche Wahrnehmung vor allem im Gehirn entsteht und nicht in den Augen. Erst die integrative Auswertung der oben genannten Kriterien unter Nutzung von Erfahrungswerten liefert uns den räumlichen Eindruck. Dabei fließen natürlich auch entsprechende auditive Informationen mit ein, denn auch die Lautstärke von bekannten Schallquellen liefert Informationen über deren Entfernung. Wir können das Gehirn natürlich auch in die Irre führen, indem wir Dinge konstruieren, die nicht mit unserer gespeicherten Erfahrung über Räumlichkeit in Einklang stehen. Ein Meister dieser Technik war der niederländische Maler Maurits Cornelis Escher, der mit Bildern berühmt wurde, in denen er die Perspektive ad absurdum führt (siehe Abb. 16).

Der handelnde Mensch Auf die Wahrnehmung folgt die Weiterverarbeitung der Informationen in der Phase der Kognition bzw. des Erkennens. Sie umfasst die Prozesse Verstehen, Lernen, Problemlösen, Entscheiden und Planen. Sie werden je nach Komplexität und dementsprechend je nach ihrer kognitiven Inanspruchnahme auf verschiedenen Ebenen, den so genannten Regulationsebenen menschlichen Verhaltens, durchgeführt. Der dänische Psychologe Rasmussen hat ein Modell aufgestellt, an dem sich der Vorgang des Handelns anschaulich erläutern lässt.[3] Er unterscheidet dazu drei Ebenen.

ABB. 15 M. C. Escher führt die Perspektive ad absurdum.

Die *sensomotorische* Verhaltensebene ist geprägt durch erlernte und stark automatisierte sensomotorische Verhaltensweisen, bei denen unbewusste Programme ablaufen. Dazu gehören u. a. auch sensomotorische Prozesse. Die Tätigkeiten, die auf dieser Ebene durchgeführt werden, erfordern keine willentliche Aufmerksamkeit oder Steuerung. Sie laufen unbewusst als Routinetätigkeiten ab. Auf dieser Ebene werden z. B. Dinge wie das Fahrrad- oder Autofahren (Gas geben, Kuppeln, Schalten usf.) oder das Stricken abgewickelt. Es stört Sie dabei überhaupt nicht, wenn Sie sich nebenher noch mit Ihrem Arbeitskollegen oder Ihrer Oma unterhalten. Die Reaktionszeiten liegen auf dieser Ebene im Zehntelsekundenbereich.

Tätigkeiten, die auf der *regelbasierten* Verhaltensebene ablaufen, sind durch erlernte Handlungsschemata gekennzeichnet. Wir haben eine bestimmte Information erkannt, auf die wir nicht mehr allein sensomotorisch reagieren können, sondern die ein bewusst kognitives Handeln erfordert. Beispiele hierfür lassen sich ebenfalls beim Autofahren finden. Sie fahren morgens zur Arbeit, als der Verkehrsfunk plötzlich einen Stau auf Ihrer Route meldet. Also fahren Sie schon eine Abfahrt früher von der Autobahn ab und kommen über „Schleichwege" zum Ziel. Auf dieser Stufe nutzt der Mensch bereits erlernte, vielleicht sogar eintrainierte Regeln. Zustände eines Systems werden wahrgenommen und durch sukzessiven Vergleich mit gespeicherten Regeln (wenn Zustand = …, dann führe aus …) mit Handlungen verknüpft. Die Handlungen selbst können dann durchaus auf der unteren sensomotorischen Ebene ausgeführt werden. Die Reaktionszeiten für Handlungen auf der regelbasierten Ebene liegen typischerweise im Sekundenbereich.

Sind keine geeigneten Regeln vorhanden oder ist der Zustand bisher noch nie wahrgenommen worden, dann muss der Mensch auf der höchsten kognitiven Ebene, der *wissensbasierten* Verhaltensebene, eine entsprechende Regel entwickeln. Dazu werden die Informationen, die aus dem Umfeld aufgenommen werden, auf dieser Ebene als komplexe Zusammenhänge in Form von Symbolen wahrgenommen. Auf dieser Basis findet eine Identifikation des vorliegenden Zustandes statt, der nach bestimmten Zielgrößen, geordnet nach Prioritäten, bewertet wird. Daraus ergeben sich Entscheidungen für die zu lösende Aufgabe. Zu deren Bearbeitung werden die im Langzeitgedächtnis abgelegten mentalen Modelle als eine innere Vorstellung über die funktionalen Eigenschaften und Zusammenhänge des technischen Systems herangezogen. Daraus ergeben sich Planungsaktivitäten, die eine Auswahl aus bereits vorhandenen, zu modifizierenden Alternativen oder die Neugenerierung von Alternativen zum Ziel haben. Es leuchtet ein, dass die Reaktionszeiten auf dieser Ebene deutlich langsamer sein müssen als auf den anderen beiden. Hier kann man je nach Komplexität der Problemlösung einen weiten Bereich von Minuten bis durchaus Stunden als charakteristisch ansehen.

Auch hierfür lässt sich ein Beispiel aus dem Bereich des Autofahrens finden. Während der Fahrt leuchtet plötzlich eine rote Warnlampe auf. Nun müssen Sie überlegen, was diese Lampe aussagt. Also fahren Sie rechts an den Straßenrand und suchen die Erklärung in der Bedienungsanleitung. Angenommen, Sie haben keinen freundlichen ADAC-Pannenhelfer in Reichweite und den Willen, das Problem selbst zu lösen. Also öffnen sie die Motorhaube, prüfen verschiedene Ursachen, versuchen sich Erklärungen zusammenzureimen und daraus Lösungen abzuleiten. Stellen Sie schließlich einen gerissenen Keilriemen als Ursache fest, so könnte die kreative Problemlösung z. B. darin bestehen, einen Nylonstrumpf ihrer hoffentlich bestrumpften Beifahrerin zum Ersatzkeilriemen umzufunktionieren. Vielleicht können Sie damit noch 20 Kilometer vorsichtig bis zur nächsten Werkstatt weiterfahren.

Nun sind leider viele Fehlerfälle nicht mit einer unbegrenzten Problemanalyse- und -lösungszeit ausgestattet. Häufig hat man nur wenig Zeit, um ein schwerwiegendes Problem zu lösen. Und wenn die zur Verfügung stehende Zeit kürzer ist als die zur Lösung benötigte Zeit, gerät man in Stress. Dadurch wird sich das Problemlöseverhalten auf der wissensbasierten Ebene verschlechtern, man wird möglicherweise in unüberlegte Fehlhandlungen hineingetrieben. Bei hochkomplexen technischen Systemen wie Flugzeugen oder Kernkraftwerken, die obendrein auch noch ein hohes Gefährdungspotenzial besitzen, werden die Bediener daher in regelmäßigen Simulatortrainings auf „gebrauchsfertige" Regeln trainiert. Ziel ist es dabei, dass der Mensch auch in schwierigen Fehlerfällen seine Tätigkeiten auf der regelbasierten und sensomotorischen Verhaltensebene durchführen und damit schneller und mit geringerer mentaler Beanspruchung reagieren kann. Allerdings können nicht alle eventuell auftretenden Situationen trainiert werden; dies würde deren Kenntnis voraussetzen, was in komplexen Systeme nicht machbar ist. Daher müssen ebenso die höheren Regulationsebenen z. B. durch Training von Problemlösegrundstrategien gefördert werden.

Die Bedeutung mentaler Modelle Wie wir bei der Betrachtung des menschlichen Handelns gesehen haben, orientiert sich der Mensch sehr stark an erlernten Handlungsschemata. Wir lernen von Kindesbeinen an solche Schemata. Dazu zählen etwa die Nutzung eines Telefons oder einer Kaffeemaschine ebenso wie das schon mehrfach bemühte Beispiel des Autofahrens. Diese Schemata werden als mentale Modelle bezeichnet. Sie sind somit persönliche Abbilder in Form einer inneren Vorstellung von Objekten, deren Funktion, vom dynamischen Verhalten technischer Systemen und von Verhaltensmustern und Handlungen der für einzelne Arbeitssituationen interessierenden Umwelt.

Mentale Modelle sind nach dem amerikanischen Psychologen Donald Norman[4]

- *unvollkommen* – es wird immer nur eine begrenzte Anzahl von Eingangs- und Ausgangsgrößen berücksichtigt, da sie wie jedes Modell lediglich eine abstrahierte Darstellung der Realität sind,
- *unbeständig* – d. h. mentale Modelle können vergessen oder verändert werden,
- *nicht voneinander abgrenzbar*, d. h. ähnliche Modelle können sich vermischen,
- *unökonomisch*, d. h. unbenötigte Modelle bleiben trotzdem erhalten, und
- *auf die höheren Handlungsebenen begrenzt*, d. h. sie werden nur dann eingesetzt, wenn keine sensomotorischen Prozesse für die aktuelle Aufgaben- oder Problemstellungen vorliegen.

Die Modelle werden durch Wahrnehmen, Schlussfolgern, Lernen, Entscheiden, Entwicklung von Kreativität, Bewerten und Weitergabe von Gedanken gebildet und sind damit von individueller Art. Aufgrund unterschiedlicher persönlicher Vorstellungen und des jeweiligen Blickwinkels können sich ganz unterschiedliche mentale Modelle über die Funktion des gleichen technischen Gerätes ergeben. So hat im Allgemeinen der Entwickler eines technischen Systems eine völlig andere Sicht auf ein Gerät als der spätere Nutzer und damit besitzt er auch ein anderes mentales Modell (Entwicklermodell) als dieser (Benutzermodell). Man könnte daher nutzergerechte Gestaltung gleichsetzen mit der Zusammenführung dieser beiden mentalen Modelle. Doch wie macht man das? Die beste Möglichkeit besteht sicher darin, das mentale Modell des typischen Durchschnittsnutzers zu ermitteln. Man beobachtet den Nutzer im Umgang mit einem vergleichbaren Gerät und befragt ihn nach seinen Vorgehensweisen und seinem Verständnis über die Systemzusammenhänge. Ist das nicht möglich, z. B. weil Geheimhaltungsaspekte dagegen stehen oder bei völlig neuen Technologien die Vergleichssysteme fehlen, so muss man zumindest versuchen, den Bediener bei der Bildung seines mentalen Modells zu unterstützen, indem die Funktionalität des technischen Systems offensichtlich gemacht wird (Transparenz). Wenn der Nutzer ihm bekannte Dinge wie ein Lenkrad und drei Pedale in einem neuartigen Fahrzeug erkennt, so wird er auf der wissensbasierten Ebene recht schnell ein dafür passendes mentales Modell entwickeln können.

In der Praxis ist die Situation leider noch komplizierter, denn häufig werden komplexe technische Systeme von mehreren Entwicklern bearbeitet und auf der anderen Seite von vielen Nutzern genutzt. Damit wird es mehrere, wenn auch teils überlappende Entwickler- wie Benutzermodelle geben. Der Konstrukteur benötigt sicher andere Kenntnisse über die Funktionsweise eines Autos als der Automechaniker und der wiederum andere als der Fahrer. Damit verfügen alle, Konstrukteur, Mechaniker und Fahrer, auch über zumindest teilweise verschiedene mentale Modelle.

Da, wie schon gesagt, die Grundlage für eine weitgehende Übereinstimmung von Entwickler- und Benutzermodell die Analyse des Nutzers mit seinen Arbeitsaufgaben ist, kommt dieser Analyse im Prozess der Bediensystemgestaltung eine zentrale Rolle zu. Da sie aber aufwändig und obendrein mit dem klassischen Ingenieurwissen allein nicht machbar ist, wird sie in vielen Entwicklungsprozessen erst gar nicht durchgeführt. Die Entwickler glauben, genug über den Nutzer zu wissen oder befragen bestenfalls Vertriebs- oder Schulungsmitarbeiter über die Wünsche des Kunden. Am Ende entstehen daraus Geräte, die an den Wünschen und Aufgaben der Nutzer vorbeientwickelt wurden. Es kann nicht genug betont werden, dass eine nutzergerechte Gestaltung ohne eine Nutzeranalyse nicht machbar ist!

Mentale Modelle erlernt der Mensch durch Erfahrungen, die er im Umgang mit technischen Systemen macht. Er hat eine bestimmte Zielvorstellung und leitet eine Handlung ein, mit der er glaubt, seinem Ziel näher zu kommen. Dann beobachtet er das Ergebnis seiner Handlung und prüft, ob er damit sein Ziel erreicht. Wenn ja, setzt er den Weg fort, wenn nein, modifiziert er seine Handlungen oder aber auch sein Ziel. Verkürzt kann man diese Vorgehensweise als ein zielgerichtetes Trial-and-error-Prinzip beschreiben. Damit das funktioniert, müssen zwei Dinge gegeben sein. Erstens muss der Mensch Fehler machen dürfen. Zweitens braucht er Rückmeldungen – oder wie man englisch sagt: „Feedback" – über den Erfolg seiner Handlung. Dieses Feedback ist enorm wichtig und sollte gewissen Anforderungen genügen. Es muss offensichtlich sein, also in erkennbarem Zusammenhang mit der Handlung stehen und es muss in angemessener Zeit erfolgen, d. h. wenn ich eine Taste drücke, möchte ich das Knacken sofort hören und nicht Sekunden später. Auch hier hilft die Multimodalität. Das Feedback über das Drücken einer Taste wird wesentlich besser erkannt, wenn ich den Schaltpunkt fühlen, das Knacken hören und die Veränderung visuell auf dem Bildschirm sehen kann.

Der Mensch erwartet ein Feedback auf unterschiedlichen Ebenen. Das Knacken einer Taste ist das so genannte *Handlungsfeedback*; es bestätigt, dass die unmittelbare Handlung erfolgreich war. Langfristig erwartet der Mensch aber ein Feedback darüber, ob er mit seinen Handlungen das beabsichtigte Ziel erreicht hat. Nach dem Drücken von vielleicht zehn Tasten und dem Anklicken mit der Maus erwarte ich eine Meldung darüber, ob z. B. die gewünschte Datei gefunden wurde. Das bezeichnet man als *Zielfeedback*. Und wenn zwischen Handlungs- und Zielfeedback eine längere Zeit verstreicht, so braucht der Nutzer im Allgemeinen auch noch ein *Statusfeedback*, welches ihm anzeigt, wie lange er noch bis zum Zielfeedback warten muss. Im PC taucht in dem Fall mindestens eine Sanduhr auf und weist auf die Wartezeit hin. Wesentlich besser sind die Fortschrittsbalken, die den Zeitverlauf auch grafisch darstellen.

Heutige mikroelektronische Systeme haben uns vieler natürlicher Feedbackformen beraubt. Wo keine Mechanik mehr ist, kann auch nichts mehr Knacken. Und wenn sich der Trend zu den Fly-by-wire, Brake-by-wire oder sonst-noch-was-by-wire Techniken fortsetzt, so werden wir es dem Menschen immer schwerer machen, mentale Modelle zu bilden. Damit wären wir bei den Fehlern.

Der fehleranfällige Mensch Nach schweren Unfällen erfährt man häufig aus den Medien, dass die Ursache menschliches Versagen war. Die dem zugrunde liegende Logik ist so einfach wie sie falsch ist. Das technische System hat nach den Erkenntnissen weitgehend einwandfrei funktioniert, also hat der Mensch falsch gehandelt. Bei näherem Hinsehen entpuppen sich viele solche Unfälle als ein Versagen der Mensch-Maschine-Kommunikation. Seien es die Atomunfälle in Three-Mile-Island (1979) oder Tschernobyl (1986) oder Flugzeugabstürze wie der Birgen-Air Unfall (1996) vor der Dominikanischen Republik. Meist hat angeblich der Mensch die Meldungen des technischen Systems falsch erkannt oder interpretiert und daraus falsche Handlungen abgeleitet. Es ist jedoch völlig falsch, ihm damit die alleinige Schuld an diesen Desastern zuzuweisen. In allen genannten Fällen waren die Mensch-Maschine-Schnittstellen so gestaltet, dass sie wesentliche Eigenschaften und Grenzen der menschlichen Informationsaufnahme und -verarbeitung nicht ausreichend berücksichtigt haben.

In solch hochkomplexen Systemen ist der Mensch in der Regel nicht mehr in der Lage, sämtliche Steuerungsfunktionen

ABB. 17 Das menschliche „Fehlverhalten“ im Cockpit hat die Lufthansa AG über drei Dekaden hinweg, von 1960 bis 1990, untersucht.

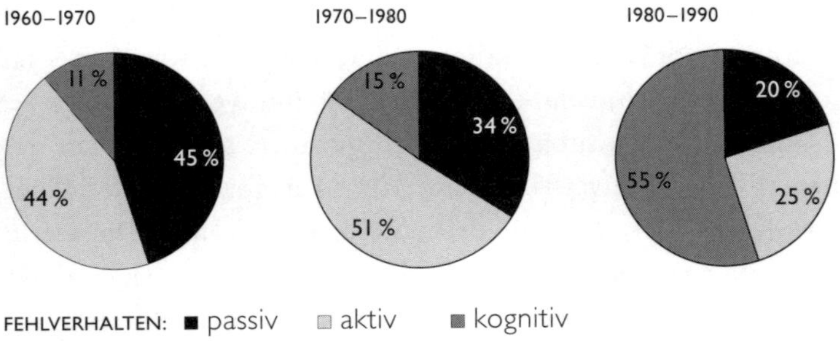

selbst durchzuführen. Deswegen werden mehr und mehr Funktionen automatisiert. Ein Beispiel liefert wiederum das Flugzeugcockpit. Ursprünglich saßen hier drei bis vier Spezialisten. Der Pilot musste fliegen, der Copilot war redundant dazu, der Bordingenieur war für die Beobachtung und Einstellung aller technischen Bordsysteme verantwortlich und in manchen Flugzeugen gab es dann noch den Navigator, der für die Navigation im Luftraum zuständig war. In heutigen Flugzeugcockpits sitzen nur noch zwei Leute – der Pilot und der Copilot, und die haben oft noch weniger zu tun als früher. Dabei ist das Fliegen keineswegs unsicherer geworden. Dies war nur möglich durch die Automatisierung vieler Routinefunktionen. Die Navigation, die Überwachung der vielen Systemparameter von Motoren, Klimasystemen oder Klappen erledigen heute Bordcomputer. Dadurch wird der Mensch von vielen Routinetätigkeiten entlastet und kann sich auf seine Hauptaufgabe besser konzentrieren.

Der Zugewinn an Sicherheit in der Luftfahrt lässt sich durch die Statistik eindrucksvoll belegen. Das wird nach jeder Flugzeugkatastrophe wieder und wieder betont. Schaut man sich die Statistiken allerdings etwas genauer an, kann man auch eine andere Aussage daraus ableiten. Analysiert man die Flugzeugunfälle mit Toten über die letzten 40 Jahre, so zeigt sich, dass circa 70–80 Prozent auf menschliches Versagen (HE bedeutet „Human Error") zurückzuführen sind bzw. das, was man – zu Recht oder zu Unrecht – Menschen als Versagen zurechnet.

Untersucht man nun diesen Teil genauer, so kann man das menschliche Fehlverhalten in vier Kategorien unterteilen, wovon uns hier aber nur drei interessieren sollen. Die vierte Kategorie sind medizinische Gründe (Pilot erleidet Herzinfarkt o. Ä.) mit einem Anteil von deutlich unter einem Prozent.

- *das passive Fehlverhalten* (passive failure): Hier hat der Pilot nichts unternommen, um das Unglück rechtzeitig zu verhindern, z. B. nicht auf den zur Neige gehenden Treibstoff geachtet,
- *das aktive Fehlverhalten* (active failure): Hier hat der Pilot leider eine falsche Aktion durchgeführt und damit den Absturz verursacht, z. B. bei schlechter Sicht neben der Landebahn gelandet sowie
- *das kognitive Fehlverhalten* (cognitive failure): Darunter werden die Fehler zusammengefasst, die auf ein mangelndes Systemverständnis und die daraus abgeleiteten falschen Handlungen zurückzuführen sind.

Waren in der Anfangszeit der kommerziellen Fliegerei noch das aktive und passive Fehlverhalten Hauptabsturzursache, so ist es in der letzten Betrachtungsdekade vor allem das kognitive Fehlverhalten. Und genau in dieser Dekade wurden die mechanischen Flugsteuerungssysteme mehr und mehr durch computerbasierte, digitale Systeme – die so genannten Glascockpits – ersetzt. Konnte der Pilot in älteren Flugzeugen noch sicher sein, dass ein Instrument genau den Wert eines bestimmten Sensors anzeigt, denn diese beiden waren durch ein Kabel direkt miteinander verbunden, so ist das heute nicht mehr der Fall. Moderne Verkehrsflugzeuge sind in der Regel mit drei voneinander unabhängigen Computersystemen – primary, secondary und backup – ausgestattet. Eines ist für den Piloten zuständig, eines für den Copiloten und ein drittes steht als Reservesystem zur Verfügung. Alle wichtigen Sensoren sind ebenfalls mindestens dreifach vorhanden. Sie liefern ihre Daten in den jeweiligen Computer und der errechnet daraus die Anzeigewerte, die dann mit vielen weiteren Werten zusammen auf den zugehörigen Bildschirmen dargestellt werden.

Dies hat sicher den Vorteil, dass viele der notwendigen Routineumrechnungen, wie Temperatur- oder Luftdruckanpassungen der Messwerte, nun vom Computer erledigt werden und die Piloten von dieser Tätigkeit entlastet sind. Auf der anderen Seite wird dadurch das Systemverständnis erschwert. In den alten elektromechanischen Flugzeugen war es Aufgabe des Piloten, die strikt getrennten Rohdaten der Sensoren auszuwerten und daraus die richtigen Handlungen abzuleiten. Heute nimmt der Pilot nicht mehr die Rohdaten wahr, sondern die in den vorgeschalteten Computern vorverarbeiteten Informationen. Beobachtet der Pilot nun unsinnige Anzeigewerte, so muss er in seine Situationsanalyse eben auch die Funktionsweise der Vorverarbeitung mit einbeziehen. Da diese Vorverarbeitung mittlerweile sehr komplex geworden ist, fällt es den Piloten immer schwerer, das Systemverhalten wirklich zu verstehen. Hinzu kommt noch, dass diese Systeme – vor allem in ihrer Einführungsphase – nicht selten so fehlerbehaftet sind, dass sie durchaus hundert Falschmeldungen und mehr pro Flug generieren. Das verleitet die Piloten wiederum dazu, unsinnige Werte eher auf einen Computerfehler zu schieben als auf ein reales Problem.

Ein typisches, obgleich äußerst trauriges Beispiel hierfür ist der bereits erwähnte Birgen-Air Unfall 1996 vor der Dominikanischen Republik.[5] Während der langen Standzeit einer Boeing 757 am Boden gerieten offenbar Fremdkörper in einen Staurohrsensor, der daraufhin beim Start der Maschine falsche Geschwindigkeitswerte an den pilotenseitigen Flugdatencomputer lieferte. Kurz nach dem Start erhielt der Pilot deswegen eine Warnung, die indirekt darauf hindeutete, dass die Geschwindigkeit zu hoch war. Die Gesprächsaufzeichnungen des Cockpit Voice Recorders belegten später, dass die beiden Piloten über diese für sie seltsame Fehlermeldung diskutierten. Sie stellten unterschiedliche Werte auf der Piloten- und Copilotenseite fest. Einen Vergleich mit dem dritten Reserveanzeiger haben sie aus unerklärlichen Gründen offenbar nicht durchgeführt. Stattdessen reduzierten sie die Triebwerksleistung, während sie weiter über mögliche Ursachen diskutierten. Der Autopilot versuchte aber weiterhin, das Flugzeug auf die vorgewählte Flughöhe steigen zu lassen. Damit passten die „Ziele" des Autopilotencomputers nicht mehr mit denen der Piloten zusammen. Der Autopilot schaltete sich schließlich automatisch ab und gab eine Warnmeldung aus. Zu dem Zeitpunkt herrschte allerdings schon absolute Hektik im Cockpit, sodass die Piloten diese Warnmeldung offenbar nicht mehr wahrnahmen. Schließlich geriet das Flugzeug mit den Triebwerken im Leerlauf in einem nach oben gerichteten Flugweg in eine instabile Fluglage und trudelte nach unten bis zum Absturz. Der ganze Vorgang von der ersten Fehleranzeige bis zum Absturz dauerte noch nicht einmal fünf Minuten! Das zeigt sehr deutlich, wie wichtig ein offensichtliches und unmissverständliches Feedback für den fehlerfreien Betrieb von Mensch-Maschine-Systemen ist. Es zeigt aber auch, wie wichtig es ist, dass der Mensch die Systemzusammenhänge erkennt und seine Handlungen darauf einstellt. Ist dies nicht der Fall, so entwickelt sich eine Diskrepanz zwischen dem mentalen Modell des Piloten und dem Systemmodell des technischen Systems. Dies zwingt den Piloten, auf der wissensbasierten Verhaltensebene nach Lösungen für die ihm unbekannte Situation zu suchen. Und auf dieser Ebene braucht der Mensch, wie wir ja schon gesehen haben, Zeit – Zeit, die er leider in solchen Situationen nicht mehr hat.

In der Automatisierungseuphorie der 80er-Jahre wurde der Mensch gern als verbleibende Fehlerquelle in automatisierten Prozessen angesehen und damit das Ziel begründet, den Menschen durch noch mehr Automatisierung zu ersetzen. In Konsequenz wurde die „menschenleere Fabrik" als damals durchaus ernsthaftes Leitbild entwickelt. Doch nach einigen größeren technischen Desastern in den 80er- und 90-er Jahren musste man erkennen, dass der Mensch nicht so einfach weg zu automatisieren und auch nicht so zuverlässig zu ersetzen ist. Dies würde nämlich bedeuten, dass der Konstrukteur für alle möglichen Fehlerfälle eine Problemlösung bereits während der Konstruktionsphase parat hat und damit entsprechende Lösungsstrategien in das Automatisierungssystem einbaut. Da das unmöglich sein dürfte, kommen wir wieder zurück auf die besonderen Eigenschaften des Menschen. Der Mensch setzt Problemlösungsstrategien und Kreativität, d. h. seine Intelligenz, ein, um unbekannte Fehler zu analysieren und zu lösen. Und damit sind wir bei der Intelligenz angekommen, über die der Mensch verfügt, die Technik aber trotz gebetsmühlenartiger Beteuerung der Werbung leider in den meisten Fällen eben nicht.

Nun ist der Mensch zugegebenermaßen fehleranfällig. Da wird mal eine Lampe übersehen oder im Vorbeigehen der falsche Schalter gedrückt. Deswegen bedeutet menschengerechte

Gestaltung eben auch, Fehler in gewissen Grenzen zu tolerieren. Da die menschliche Handlungsweise auf Zielvorgabe, Handlung und Feedback über die Handlung und damit Zielerreichung gerichtet ist, müssen sich technische Systeme daran orientieren. Im Allgemeinen wird ein Fehler als die Abweichung eines Istwertes von einem vorgegebenen Sollwert bezeichnet. Innerhalb der Mensch-Maschine-Systeme werden Fehler im Zusammenhang mit Arbeitsaufgaben beschrieben. Da innerhalb komplexer Mensch-Maschine-Systeme eine Fehlhandlung schwerwiegende Folgen, z. B. technische Havarien oder Unfälle, auslösen kann, muss die Vermeidung von Fehlhandlungen ein wichtiges Ziel in allen technischen Systemen sein. Dabei sind Fehlerquellen auf unterschiedlichen Ebenen der Kognition und des Handelns anzutreffen. Im einfachsten Fall drückt der Mensch nur die falsche Taste oder übersieht eine kleine Warnanzeige. Wenn man ihn darauf hinweist, erkennt er den Fehler und korrigiert ihn ohne viel Aufsehen. Schwieriger wird die Situation – wie die Flugzeug-Beispiele zeigen –, wenn der Mensch die Fehlerhaftigkeit seines Handelns überhaupt nicht erkennt und sich somit keines Fehlers bewusst ist.

Beim Umgang mit technischen Systemen wird der Mensch mit drei grundlegenden Systemeigenschaften konfrontiert, die ihm – wie der Psychologe Dietrich Dörner in seinem Buch „Die Logik des Misslingens“[6] eindrucksvoll zeigt – immer wieder Probleme bereiten. Diese drei Eigenschaften sind:

- die Systemkomplexität
- die Systemdynamik
- die Intransparenz

Ein komplexes System ist gekennzeichnet durch eine hohe Anzahl von Merkmalen bzw. Funktionen sowie ihre gegenseitigen Abhängigkeiten, die vom Menschen zwar vielleicht in ihrer Gesamtheit, jedoch in der Regel nicht in ihren einzelnen Wechselwirkungen erfasst werden. Durch fehlendes Wissen über diese einzelnen Wechselwirkungen können falsche Schlussfolgerungen entstehen, die zu Fehlhandlungen führen, was insbesondere in kritischen Situationen schwerwiegende Folgen nach sich ziehen kann – wie der Birgen-Air Unfall zeigt.

Die Dynamik von Systemen erschwert dem Menschen das Erfassen von Entwicklungstendenzen und somit ein vorausblickendes Verstehen des Systemverhaltens. Der Mensch neigt dazu, ein lineares Zeitverhalten zu antizipieren und auf der Basis der Ausgangssituation linear zu extrapolieren. Leider zeigen sehr viele technische Systeme aber ein stark nichtlineares Verhalten, sodass eine lineare Extrapolation zu krassen Fehlern in der Situationsanalyse und damit zu Fehlhandlungen führen würde. Der Mensch muss daher die dynamischen Zusammenhänge nachvollziehen bzw. verstehen, um die richtigen Handlungen ableiten zu können.

Intransparenz ist ein typisches Phänomen moderner technischer Systeme. Wie schon erwähnt, konnte der Mensch in den alten mechanischen Systemen Vorgänge noch sehen, fühlen und hören. In den modernen mikroelektronischen Systemen wird er vieler Sinneseindrücke beraubt. Die Systeme sind mehr und mehr eine Black-Box, deren Wirkungsweise er weder sieht noch hört und häufig auch nicht mehr versteht. Durch diesen Trend wird der Mensch als Aktionspartner im Mensch-Maschine-System immer mehr vom Handlungsgeschehen abgekoppelt. Somit muss er auf einer unvollständigen Informationsbasis Entscheidungen treffen. Eine Zwangslage, die insbesondere bei überraschend eintretenden Zustandsänderungen des Systems – dem bekannten Überraschungseffekt – zu Problemen führt.

Für den Entwicklungsprozess kann man daraus ableiten, dass technische Systeme für den Nutzer transparent bezüglich ihres

Verhaltens sein sollten. Da eine vollständige Transparenz bei komplexen mikroelektronischen Systemen allerdings kaum realistisch sein dürfte, sollten Entwickler versuchen, so viel Transparenz wie möglich in die Gestaltung des Bediensystems zu bringen. Hier helfen bildhafte Darstellungen auf der Frontplatte, die Nutzung bekannter Metaphern oder unterschiedliche Formen und Farben von Knöpfen und Schaltern.

Die Reduktion der Komplexität ist auf den ersten Blick eine weitere schwer zu realisierende Aufgabe. Entwickler neigen zu der Ansicht, dass die Informations- bzw. Funktionsmenge und ihre gegenseitigen Abhängigkeiten technisch erforderlich sind. Die langjährige Praxis in der User-Interface-Gestaltung zeigt hingegen, dass eine gute Nutzer-/Aufgabenanalyse zu einer deutlichen Reduzierung der notwendigen Informationen als auch durch bessere Strukturierung der Informationen zu einer deutlich geringeren Vernetzung führt.

Technische Störungen treten häufig überraschend nach einer langen Phase des Routinebetriebs auf. Gerade in diesem Fall hat der Nutzer meist keine Problemlösung mehr parat, muss das Problem zunächst auf der zeitintensiven wissensbasierten Handlungsebene angehen. Das System sollte dem Menschen nun die zur Regulierung der Ausnahmesituation notwendigen Informationen situationsgerecht und mit ausreichender Handlungszeit anbieten. Dazu zählt bei komplexen Systemen die Schaffung übersichtlicher handlungsorientierter Einheiten und eine verständliche Darstellung dynamischer Systemzusammenhänge sowie eine am realen Handlungsgeschehen orientierte Systemabbildung, um eine Intransparenz des Systems sowie eine Informationsüberflutung zu vermeiden.

Bislang nicht betrachtet wurden die psychosozialen und emotionalen Einflüsse auf das menschliche Verhalten. Wir sind stillschweigend davon ausgegangen, dass sich der handelnde Mensch in einem emotionalen „Neutralzustand“ befindet. Das ist aber eher unwahrscheinlich. Jeder Mensch wird jeden Tag in einer anderen Stimmungslage an seinen Arbeitsplatz kommen. Und dabei werden zumindest ausgeprägte Befindlichkeiten deutliche Einflüsse auf die Leistungsfähigkeit sowie Fehlerwahrscheinlichkeit haben. Ein Maschinenbediener, der sich soeben mit seinem Chef angelegt hat, wird in seinem gesamten kognitiven Verhalten deutlich schlechtere Werte erzielen als ein Mensch in emotionaler Neutralität oder gar in einem Glückszustand. Zu einer menschengerechten Gestaltung von Mensch-Maschine-Systemen gehört es deshalb auch, vom „worst case“ auszugehen, sich also an der unteren Grenze des Machbaren zu orientieren. Und damit sich der Mensch wohl fühlt, sollte er stets mit einer ausreichenden und angemessenen Menge von Informationen wie auch Aufgaben versorgt werden und sich als einen wichtigen Teil des Prozesses sehen.

Der intelligente Mensch Vielleicht ist Ihnen aufgefallen, dass der Begriff „intelligent“ in der letzten Zeit im Zusammenhang mit technischen Geräten immer häufiger verwendet wird. „Intelligenz ist in“, könnte man sagen. Die Werbung verspricht uns mittlerweile intelligente Kühlschränke, Telefone, Spülmaschinen oder was auch immer. Vor einigen Jahren wurde die Fuzzy-Logik als Fortschritt verkauft, heute ist es die Intelligenz. Doch was ist Intelligenz?

Intelligenz geht auf das lateinische Wort „intellegere“ zurück, was soviel bedeutet wie „zusammenlegen“. Intelligenz ist also wörtlich übersetzt die Fähigkeit, etwas zusammenzulegen, aber was und wie? Im Gegensatz dazu steht die Aussage von Isaac Asimov, der befand: „Intelligenz ist das, was der Intelligenztest misst.“ Diese Aussage ist so richtig wie problematisch, denn ein klassischer Intelligenztest orientiert sich in erster Linie an logisch-mathematischen Merkmalen, wie mathematischen Problemlösungen oder Mustererkennungsfähigkeiten, und dies auch nur unter bestimmten Randbedingungen. Es ist aber mittlerweile unbestritten, dass die menschliche Intelligenz umfassender verstanden werden muss. Eine gute Definition für Intelligenz gibt beispielsweise der amerikanische Psychologe David Wechsler: „Intelligenz ist die zusammengesetzte oder globale Fähigkeit des Individuums, zweckvoll zu handeln, vernünftig zu denken und sich mit seiner Umgebung wirkungsvoll auseinander zu setzen.“[7]

Der Mensch ist also nicht isoliert zu sehen, seine Intelligenz beweist sich immer in Beziehung zu der Umwelt, in der er sich zurechtfinden muss. Die Frage nach der Intelligenz ist gerade in den letzten zehn Jahren in verschiedensten Kontexten gestellt und vielfältig beantwortet worden, wobei Intelligenz und Technik immer häufiger in einen unmittelbaren Zusammenhang gesetzt wurden. Sei es das Wissenschaftsgebiet der künstlichen Intelligenz, das viele dazu angeregt hat, „Intelligenz“ programmieren zu wollen oder Bestseller wie Daniel Goleman's „Emotionale Intelligenz“[8], der sozialen und beruflichen Erfolg in direktem Zusammenhang sieht zu einer besonderen, nämlich der emotionalen Intelligenz: sie alle zeigen die Vielfalt im Verständnis der Intelligenz auf.

Einen umfassenden Beitrag dazu hat auch der amerikanische Psychologe Howard Gardner mit seinem Buch „Intelligenzen“[9] geleistet. Darin identifiziert er folgende neun Intelligenzen:

- die sprachliche Intelligenz
- die logisch-mathematische Intelligenz
- die musikalische Intelligenz
- die körperlich-kinästhetische Intelligenz (Körperbeherrschung)

- die räumliche Intelligenz
- die intrapersonale (soziale oder emotionale) Intelligenz

sowie mit einigem Vorbehalt
- die naturkundliche Intelligenz
- die Lebensintelligenz
- die spirituelle Intelligenz

Alle diese Definitionsversuche belegen, wie schwierig es offenbar ist, die Intelligenz des Menschen zu beschreiben. Und eine im gleichen Sinne intelligente Maschine existiert schon gar nicht. Wenn Technikhersteller von „intelligenten“ Geräten sprechen, reduzieren sie das Intelligenzverständnis vor allem auf den Teilbereich des logisch-mathematischen Problemlösens, das zugegebenermaßen mittlerweile von Maschinen ansatzweise beherrscht werden kann. So führten in den letzten Jahren enorme Fortschritte in der Mustererkennung beispielsweise dazu, dass man die menschliche Sprache recht sicher erkennen kann. Damit sind Sprachdialoge realisierbar, die zumindest in abgegrenzten Anwendungsdomänen wie etwa einer Theaterkartenreservierung oder einer Mobiltelefonbedienung recht gut funktionieren. Aber sagen Sie dem Reservierungscomputer einmal: „Hey – du hast eine schöne Stimme, ich könnte dir immer wieder zuhören!“ Welche Antwort würde er darauf wohl geben?

Die Erforschung der kognitiven Vorgänge im menschlichen Gehirn hat in den letzten zehn bis 20 Jahren enorme Fortschritte gemacht. Wir verstehen mittlerweile die biophysikalischen Vorgänge der Informationsleitung und -speicherung recht gut und können mit bildgebenden Magnetresonanzverfahren dem Menschen quasi „beim Denken zuschauen“. Obwohl wir also vieles über die menschliche Leistungsfähigkeit wissen, tut sich die Technikseite schwer mit der Nutzung dieses Wissens. Die klassischerweise in den Kognitionswissenschaften erarbeiteten Kenntnisse müssten dazu so aufbereitet werden, dass sie von Ingenieuren verstanden werden. Leider gibt es hier eine Sprachbarriere, die vielleicht durch frühzeitige und anwendungsbezogene Wissensvermittlung in den Hochschulen beseitigt werden kann. Ein Entwicklungsingenieur sollte eben nicht nur lernen, wie er ein Autocockpit konstruiert, sondern auch, wie er die „Kommunikation" zwischen Fahrer und Auto menschengerecht gestaltet. Dazu sollte er den Menschen nicht nur über mechanische Daten verstehen, sondern auch eine grundlegende Vorstellung von kognitiven Vorgängen haben.

Wie fühlen Sie sich heute … Zur Bedeutung von Kultur und Emotionen

Ein großes amerikanisches Unternehmen, das unter anderem auch Geldautomaten herstellt, hat vor einigen Jahren den Versuch unternommen, bei einem Geldautomaten die allbekannte Textoberfläche durch eine völlig neuartige zu ersetzen, bei der eine künstliche Person – ein so genannter Avatar – den Kunden begrüßt und mit ihm seine Bankgeschäfte „beredet". Der Kunde identifizierte sich mit seiner Bankkarte, daraufhin erschien der Avatar auf dem Bildschirm – bei Männern eine gut aussehende Dame, bei Frauen ein ebenso attraktiver Mann –, begrüßte den Kunden und fragte ihn, was er denn für ihn tun könne. Nun konnte der Kunde seine Wünsche äußern und sich vom Avatar in einem weitgehend natürlichsprachigen Dialog durch die Prozedur führen lassen. Man erhoffte sich von dieser Interaktionsform nicht nur einen Marketinggag, sondern vor allem einen Einstieg in die virtuelle Beratung von Bankkunden. Doch leider ging der Versuch daneben. Man testete den Prototyp mit ausgewählten Mitarbeitern, beobachtete sie bei der Nutzung und befragte sie anschließend nach ihrer Meinung. Zum großen Erstaunen der Entwickler war diese sehr geteilt. So gab etwa eine schwarze Probandin an, sie wolle sich nur ungern von einem weißen Mann bedienen lassen, einem anderen Probanden gefiel sein weiblicher Avatar weder von der Stimme noch vom Aussehen. Und wieder andere gaben einfach nur an, dass sie bei einer möglichen Auswahl lieber den althergebrachten Geldautomaten benutzen würden als diesen neuen. Selbst die kleine Gruppe von Probanden, die zunächst eine positive Meinung geäußert hatten, wechselte nach mehreren Versuchsdurchläufen ebenfalls zu den „Nein-Sagern". Nach diesem für die Entwickler unerwartet negativen Ausgang des Experiments beschloss man, der Ablehnung auf den Grund zu gehen. Dabei wurde alsbald klar, dass es die Emotionen waren, die das Experiment zum Scheitern gebracht hatten.

Dieses kleine Beispiel macht deutlich, dass wir die Gestaltung der zukünftigen Technik nicht allein mit Techniksachverstand angehen können. Es wird auch nicht ausreichen, den Menschen mit den kognitiven Fähigkeiten und Grenzen als Maßstab zu nehmen, die wir im vorangegangenen Kapitel kennen gelernt haben. Wenn wir auf die Ebene der Handlungen und die damit zusammenhängenden Entscheidungsprozesse kommen, ist unser Wissen noch sehr lückenhaft. Bislang versuchte man in der Technik, die Ratio strikt von den Gefühlen zu trennen. Eine Maschine arbeitet nun einmal nach logischen Regeln und so soll es gefälligst auch der Mensch als Bediener machen. Selbst in den Neurowissenschaften ist man lange davon ausgegangen, dass das Gehirn strikt in zwei „Hälften" organisiert ist. Das rationale corticale System, welches wir in der Umgangssprache vielleicht mit Verstand und Vernunft bezeichnen würden, sowie das limbische System, wo wir den Ursprung der Gefühle vermuten. Dem Verstand ordnen wir dabei die Fähigkeiten zum Problemlösen mit Hilfe logischer Denkprozesse zu, während das Gefühl eher für die unstrukturierten lust- oder unlustgeleiteten Handlungen zuständig ist. Letztere umschreibt man auch gern mit dem Begriff „Bauchentscheidung“ und unterstreicht damit, dass Gefühle nichts im Gehirn zu suchen haben.

Die Macht der Emotionen Doch diese Sichtweise hat sich grundlegend verändert. Wie wir heute bereits wissen, haben die Emotionen einen weitaus höheren Einfluss auf das menschliche Handeln, als dies früher angenommen wurde. In ihrem Buch „Die Macht der Emotionen“ fasst Claudia Wassmann den Einfluss der Emotionen treffend zusammen: „Emotionen haben einen zentralen Platz in unserem Leben. Sie bestimmen entscheidend unsere Persönlichkeit und sind an allem beteiligt, das für unser Überleben wichtig ist. Sie sind der Lotse, der uns durch unbekanntes Terrain navigieren hilft. Sie sind das Zünglein an der Waage, wenn wir eine Entscheidung treffen. Sie erlauben uns, blitzschnell zu sondieren, wem wir trauen können. Sie bilden den Klebstoff unserer sozialen Beziehungen. Alle wirklich wichtigen Ereignisse sind mit Emotionen verknüpft.“[1] Und der bekannte Hirnforscher Gerhard Roth geht noch einen Schritt weiter, wenn er schreibt: „Das limbische System hat gegenüber dem rationalen corticalen System immer das erste und letzte Wort. Das erste beim Entstehen unserer Wünsche und Zielsetzungen, das letzte bei der Entscheidung darüber, ob das, was sich Vernunft und Verstand ausgedacht haben, jetzt so und nicht anders getan werden soll.“[2]

Erinnern wir uns noch einmal an den im letzten Kapitel beschriebenen Birgen-Air Unfall. Dort hatten die beteiligten Menschen sowie das technische System offenbar zunächst identische Ziele, nämlich einen Flug von A nach B durchzuführen. Doch mit der ersten Fehlermeldung liefen die Entscheidungswege auseinander. Während das technische System – der Autopilotencomputer – den vorprogrammierten rationalen Entscheidungsweg verfolgte, ließen sich die Piloten offenbar sehr stark von ihren Gefühlen leiten. Obwohl gerade in der Pilotenausbildung das rationale Verhalten immer wieder trainiert wird, saßen hier nun mal keine „datenverarbeitenden, organischen Systeme“ im Cockpit, sondern Menschen, die individuelle Erfahrungen, Wünsche und Ängste haben. So ist es vielleicht verständlich, dass sie in dieser Ausnahmesituation eher ihrem Gefühl folgten als der Ratio. Sie nahmen Informationen auf, diskutierten mögliche Ursachen, wogen ab und trafen schließlich die falsche Entscheidung. Kann man solche Unfälle zukünftig verhindern, wird immer nach solchen Katastrophen gefragt. Allein durch noch bessere Computer und Programme sicher nicht. Wir werden stattdessen den Menschen mit seinem stark emotional gesteuerten Verhalten besser verstehen müssen und die technischen Systeme entsprechend neu gestalten.

Wenn die Emotionen eine solch zentrale Bedeutung haben, kann es keine menschengerechte Technik geben, ohne dass die Bedeutung der Emotionen in der Technikgestaltung gebührend Berücksichtigung findet. Sie werden vielleicht einwenden, dass das doch schon lange gemacht wird. Hierfür sind in den Unternehmen meistens die Designer oder Werbespezialisten zuständig. Das ist zum Teil richtig. Wie wir im nächsten Kapitel noch ausführlicher lesen werden, sind so genannte emotionale Produktmerkmale im Marketing das A und O. Kein Unternehmen kann es sich heute noch leisten, Produkte ausschließlich funktional zu gestalten und zu vermarkten. Selbst im konservativen Maschinenbau wird kaum noch eine Maschine ohne Mitarbeit von Designern fertig gestellt und kein Unternehmen lässt sich seinen Webauftritt ausschließlich von Programmierern gestalten. Doch geht es dabei oft in erster Linie um die äußere Hülle der Produkte. Bei den dahinter liegenden Bedienstrukturen ist das hingegen bislang kaum ein Thema.

Solange der Mensch einen Textbildschirm sieht und Zeichen eintippt, spielen die Emotionen noch keine allzu bedeutende Rolle – es sei denn, der Computer hat eine Fehlfunktion, ist zu langsam oder dergleichen mehr Ärgernisse, die auf Nutzerseite in aller Regel eine emotionale Reaktion provozieren. Wenn wir die Interaktion einer menschlichen Kommunikation ähnlich gestalten, also Sprache und Bilder benutzen und dem Nutzer suggerieren, dass er es mit einem „Menschen" in der Maschine zu tun hat, ist die emotionale Interaktionskomponente, wie auch das Eingangsbeispiel mit dem Geldautomaten verdeutlicht, unausweichlich. Dann empfindet der Mensch Zuneigung oder Abneigung gegenüber seinem Kommunikationspartner, so wie er das im Umgang mit realen Personen ebenfalls erlebt. Dem einen passt die Stimme nicht, dem anderen das Aussehen und dem dritten das Auftreten nicht. Und so wie ich eine Bank meiden würde, mit deren (menschlichen) Kundenberatern ich mich nicht anfreunden kann, so würde ich sicher auch Geldautomaten meiden, die mir nicht „gefallen". Es wäre daher für jedes Unternehmen fatal, wenn es solche Interaktionstechnologien einsetzen würde, ohne sich über die emotionale Wirkung im Klaren zu sein.

Dass der Mensch offensichtlich im Umgang mit technischen Geräten die emotionale Komponente sucht, macht auch eine Untersuchung von Prof. Luczak von der RWTH Aachen deutlich.[3] In dieser Studie hat man 103 Personen aller Altersklassen und Geschlechter befragt, ob sie mit ihren technischen Geräten sprechen. Und siehe da, nahezu 90 Prozent gaben an, hin und wieder mit ihren Geräten zu sprechen. Dabei ist der „Hauptgesprächspartner" der PC mit 85 Nennungen, gefolgt vom Auto mit 64 Nennungen. Offensichtlich verleitet die vermutete „Intelligenz" komplexer Geräte den Menschen eher dazu, mit diesen Geräten zu reden. Denn mit vielen Einfachgeräten wie Rasenmähern oder Bohrmaschinen gab es offenbar überhaupt keinen Kommunikationswunsch. Interessant ist auch die Frage nach der Wechselseitigkeit der sprachlichen Kommunikation. Hier wünschten 28 Prozent der Befragten keine Antwort des Geräts, aber immerhin 72 Prozent hätten es gern, wenn die Geräte auch antworten könnten.

In diesem Zusammenhang fällt einem der Stanley-Kubrick-Film „2001 – Odyssee im Weltraum“ ein, das Paradebeispiel einer emotionalen Mensch-Computer-Interaktion. Inmitten einer streng rationalen Raumfahrtwelt steht der Computer HAL-9000, der das einzig emotionale Wesen in dem Film zu sein scheint. Er spricht nicht nur mit einer beruhigenden und freundlichen Stimme zu seinen Nutzern, sondern er trifft offenbar auch sehr emotionale Entscheidungen und tötet – aus seiner Sicht berechtigt – fast alle Crewmitglieder. Und als er selbst „stirbt“, d. h. vom einzig überlebenden Astronauten abgeschaltet wird, gehen nicht einfach die Lampen aus, sondern er fleht seinen Nutzer höchst emotional an, ihn „am Leben“ zu lassen. Viele Dinge dieses Science-Fiction Films, der die Situation im Jahr 2001 aus Sicht des Jahres 1968 beschreibt, sind heute Realität. Die emotionale Interaktion sicher nicht.[4]

Wir können heute zwar mit neuartigen Geräten wie dem PET-Positronen-Emissionstomographen oder dem FMRI-funktionalen Kernspintomographen emotionale Reaktionen im Gehirn orten und oberflächlich sichtbar machen, aber wirklich verstehen können wir sie noch nicht. Und wenn wir in einigen Jahren vielleicht diesem Ziel näher gekommen sind, stellt sich immer noch die Frage der technischen Anwendbarkeit. Wieder müssten die Erkenntnisse den Entwicklungsingenieuren in ihre Sprache „übersetzt“ werden und schließlich müssten Entwicklungsmethoden entstehen, die ingenieurmäßig einsetzbar sind. Die Kommunikationsforscherin Justine Cassell hat jahrelang am MIT in Boston Avatare und menschähnliche Roboter erzeugt, denen sie emotionale Verhaltensweisen einprogrammierte. So entstanden über die Jahre immer perfektere Avatare oder Roboter, die in der Lage waren, immer differenziertere Empfindungen wie Angst, Überraschung, Ekel, Trauer, Ärger und Freude zu zeigen. Aber über ihren Erfolg war sie letztlich enttäuscht. Sie hatte gehofft, dass sie aus den negativen Erfahrungen mit einem Avatar mit besseren Rechnern, besseren Bildschirmen, einer verfeinerten Sprachsoftware und differenzierteren Merkmalsausprägungen in der nächsten Stufe ihrem Ziel einer emotional akzeptierten virtuellen Person näher kommen würde. Doch trotz der vielfachen Verbesserungen von Technologiestufe zu Technologiestufe waren alle Probandentests enttäuschend. Auch Justine Cassell ist heute davon überzeugt, dass es (noch) keinen Sinn macht, Emotionen technisch erzeugen und gezielt anwenden zu wollen. Bevor wir nicht wissen, wie Emotionen beim Menschen entstehen und wie sie seine Handlungen beeinflussen, ist der Misserfolg auf diesem Weg vorprogrammiert.[5]

Wir haben in den letzten Jahren und Jahrzehnten unser Hauptaugenmerk darauf gerichtet, Technologien zu entwickeln und zur Reife zur führen. Und wir stehen jetzt an der Schwelle zu einer neuen Ära, die man mit Ambient Intelligence oder Pervasive Computing umschreibt. Diese Ära wird, wenn man den vielen Zukunftsstudien Glauben schenkt, die perfekte High-Tech-Welt bringen. Wir werden mit unseren Geräten reden können, wir werden virtuelle Helfer haben und uns in weltweiten Datennetzen „always on" befinden. Doch wir werden auch bestätigt finden, was der amerikanische Zukunftsforscher John Naisbitt mit dem Schlagwort „High Tech – High Touch" charakterisiert hat. Je mehr wir den Menschen in eine rationale

High-Tech-Welt stellen, desto mehr sehnt er sich nach einer emotional grundierten High-Touch-Welt. Wie wir im nächsten Kapitel noch lesen werden, hat das Marketing längst darauf reagiert und vermarktet Produkte immer stärker über die emotionale Schiene.

Kulturelle Einflüsse Eine zweite „offene Baustelle" birgt die Frage nach der Bedeutung der Kultur bei der Gestaltung von Mensch-Maschine-Systemen. Auch hier gibt es enge Zusammenhänge zur Frage der Emotionen. Glaubte man früher, dass auch die Emotionen stark kulturabhängig seien, so weiß man heute, dass dies eigentlich nicht der Fall ist. Untersuchungen haben gezeigt, dass die sechs Basisemotionen Angst, Überraschung, Ekel, Trauer, Ärger und Freude in allen Kulturen zu finden sind. Was unterschiedlich ist, sind die auslösenden Faktoren sowie zumindest zu einem Teil die Ausdrucksformen. Man kann davon ausgehen, dass jeder Mensch mit diesem Grundrepertoire an Emotionen von Geburt an ausgestattet ist. Aber in unserer kulturabhängigen Erziehung lernen wir erst, diese Emotionen auszudrücken und zu benennen. So haben wir Europäer gelernt, mit der Farbe Schwarz gemeinhin Gefühle wie Trauer oder auch Macht zu verbinden. In vielen asiatischen Kulturen wird mit Trauer aber die Farbe Weiß verbunden. Auch das Zeigen von Emotionen ist stark kulturabhängig. Während ein Südeuropäer in der Regel deutlich ausdrucksstärker ist, also Gefühle expressiver zeigt, sind die entsprechenden Signale bei Nordeuropäern oder gar Asiaten wesentlich dezenter. Diese kulturellen Unterschiede machen es entsprechend noch schwieriger, den Aspekt der Emotionen in der Mensch-Maschine-Kommunikation zu berücksichtigen oder gar aktiv zu gestalten.

Kultur hat aber noch eine ganze Reihe weiterer Einflüsse auf die technische Gestaltung von Bediensystemen. Das fängt bei der Sprache an. Während eine Sprachumschaltung zwischen Deutsch und Schwedisch sowohl technisch wie vom kulturellen Background der Nutzerzielgruppe vergleichsweise problemlos möglich ist, sieht es bei den asiatischen Sprachen schon völlig anders aus. Ein Teil der asiatischen Sprachen wie etwa die chinesische Sprache basiert auf Bildern und daraus abgeleiteten Bildzeichen, andere wiederum, wie etwa Koreanisch, nutzen zumindest in der Schriftsprache ähnliche Zeichenalphabete wie die westlichen Kulturen. Insofern ist es nicht verwunderlich, wenn insbesondere die in der Technik so beliebten Icons, also kleine Bildzeichen, wie wir sie von jeder Videorekorderfernbedienung kennen, regelmäßig zu Missverständnissen in asiatischen Kulturkreisen führen. Für eine Kultur, deren Schrift aus Bildzeichen besteht, ist ein solches Icon nichts anderes als ein unbekanntes Schriftzeichen. Und so wie Sie wahrscheinlich eine mit „G<T&“ beschriftete Stopptaste auf Ihrem Videorekorder mit einem Stopp-Aufkleber überkleben würden, machen es viele chinesische Maschinenbediener auch. Und das schon erwähnte Sanduhrsymbol bei Windows kann auch nur jemand deuten, für den eine Sanduhr eine kulturelle Bedeutung hat.

Aber nicht nur an der Oberfläche sehen wir kulturelle Unterschiede. Unsere langjährigen Projekterfahrungen mit Maschinennutzern in vielen Kulturen der Welt zeigen vor allem auch bei den mentalen Strukturen große Unterschiede. Während die typischen Nutzer in den westlichen Industrienationen deutlich erkennbare Strukturen in ihren mentalen Modellen bilden, sind solche Strukturen bei asiatischen Nutzern wesentlich breiter und vernetzter angelegt. Bediensysteme für den Zielmarkt Europa sollten daher als eindeutige Baumstrukturen mit maximal fünf bis sieben Elementen pro Ebene aufgebaut sein, während für fernöstliche Märkte die Breite der Menüstrukturen größer sein darf bei allerdings geringerer Menütiefe. Dafür können Asiaten offenbar besser mit stärker netzartigen Strukturen umgehen als mit baumartigen.

Von vielen Firmen wird eine aufwändige und damit teure Nutzeruntersuchung in anderen Regionen unserer Erde gern mit dem Argument abgelehnt, dass es doch mittlerweile eine auf vorwiegend westlichen Werten und englischer Sprache basierende Weltkultur gäbe. Dieses Phänomen umschreibe ich gern mit dem Begriff der Windows-Kultur. Auf den ersten Blick hat die Idee etwas für sich: Sie führt zu kostengünstigen Lösungen. Doch auch Windows ist nicht gleich Windows. So wird nahezu jedes EDV-Tool heute lokalisiert, d. h. in Sprache, Farb- oder Icongestaltung den kulturellen Erfordernissen des Zielmarktes, soweit sinnvoll machbar, angepasst. Ein chinesisches Windows sieht daher auf den ersten Blick anders aus als ein deutsches. Die weltweite Nahezu-Monopolstellung von Microsoft führt tatsächlich zu einem Export von kulturellem Verständnis.

Doch zeigen unsere Untersuchungen auch immer wieder, dass dies nur für die wenigen hoch entwickelten Industrieregionen unserer Erde gilt. Wenn wir unsere Technik in andere „Zipfel" exportieren, sind wir sehr schnell mit unserem Latein am Ende. So haben wir einmal die Nutzung von hoch entwickelten, deutschen Industrienähmaschinen in China untersucht. Die Nutzer derartiger Maschinen leben nicht in Shanghai oder Hongkong, sondern 1000 Kilometer im Landesinneren. Dort spricht weder jemand Englisch noch hat er jemals einen Windows-PC gesehen. Verständlich daher, dass weder die englischen Menüs der Nähmaschinensteuerung noch die Windows-typische Zeichensprache verstanden wurden. Hier half letztlich nur eine vollständige Lokalisierung der Steuerung in Zusammenarbeit mit chinesischen Ingenieuren.

Die Erfahrungen aus vielen Projekten bestätigen immer wieder, dass das „Weltprodukt“ für alle Märkte dieser Erde eine Totgeburt ist. Der Kunde kann heute auf ein großes Angebot an Waren zurückgreifen. Und er wird das Produkt kaufen, das seinen Wünschen und Gewohnheiten am nächsten kommt. Deswegen ist eine Lokalisierung, d. h. Anpassung der wesentlichen Produktmerkmale an den jeweiligen Zielmarkt, in den meisten Fällen unabdingbar. Eine interessante Frage ist die, wie viele unterschiedliche Kulturen es überhaupt gibt. In jedem Fall wohl mehr, als wir denken. Bereits in Europa zeigen sich deutliche kulturelle Unterschiede zwischen den Ländern, sehr ausgeprägt sicher zwischen den nördlichen und südlichen EU-Ländern. Doch damit nicht genug, auch innerhalb eines Landes kann es durchaus mehrere Kulturen geben. So entsprechen weite Teile der USA eher der südamerikanischen Kultur und auch die nahezu unmerkliche Grenze zwischen den USA und Kanada trennen deutlich wahrnehmbare Kulturunterschiede. Sicher wird es aus wirtschaftlichen Gründen nicht machbar sein, Geräte für jeden Zielmarkt zu lokalisieren. Wenn ich zwei Maschinen nach Afrika liefere, wird der Kunde den Mehraufwand für eine Lokalisierung wohl kaum tragen wollen. Aber die wirtschaftlich bedeutenden Zielmärkte Asiens, Europas oder Nordamerikas werde ich nur dann erfolgreich erobern können, wenn ich kulturelle Besonderheiten nicht nur im Marketing, Vertrieb und Service, sondern auch in der Gestaltung der Mensch-Maschine-Interfaces berücksichtige.[6]

Am Ende dieses Kapitels möchte ich noch einmal auf die kleine Geschichte vom Beginn zurückkommen. Ich bin davon überzeugt, dass es den erwähnten Geldautomaten irgendwann geben wird. Wenn die reale Person mit ihrer menschlichen Dienstleistung immer teurer wird und gleichzeitig die technischen Möglichkeiten deutlich fortgeschritten sind, wird man solche Automaten bauen. Aber man wird bis dahin lernen müssen, welchen Einfluss die Emotionen, aber auch die Kultur auf die Interaktion haben. Diese Maschine muss Menschen aus allen Kulturkreisen in jeglicher emotionalen Verfassung so bedienen können, dass sie zufriedene Kunden sind und wiederkommen.

Ein dummer Kunde ist ein besserer Kunde …
Von Kunden, Märkten und Marketingstrategien

129

Neulich war ich in einem großen Elektronikmarkt. Da stach mir ein chic aussehendes Gerät ins Auge, mit dem man sowohl VHS-Video-Kassetten als auch DVD's abspielen kann. Meine begehrlichen Blicke aktivierten einen Verkäufer, der mir etwas von hervorragender Bildqualität, mikroprozessorgesteuerter Azimuthkorrektur und Cross-over-Betrieb vorfaselte. Schließlich zog er seine Trumpfkarte, das unübersehbare rote Preisschild: ein gnadenlos niedriger Sonderpreis. Also überkam es mich und ich kaufte, wiewohl ich mit meinem alten VHS-Recorder durchaus zufrieden war und keine einzige DVD besaß. Zu Hause angekommen, schloss ich das Gerät an und schaltete es ein. Auf dem Fernsehbildschirm erschien ein englisches Einstellmenü. Also fing ich an, die Sprache auf Deutsch umzuschalten, Uhrzeit und Datum zu stellen sowie die Sender zu programmieren. Damit war ich mit meinem Latein am Ende – die Bedienungsanleitung musste her. Doch auch mit dieser Hilfe gelang es mir nicht, eine Sendung aufzunehmen, geschweige denn ein Urlaubsvideo von meinem Camcorder auf eine VHS-Kassette zu überspielen. Als ich einige Tage später in einem anderen Elektronikmarkt das gleiche Gerät zu einem noch günstigeren

„Normal"-Preis sah, fragte ich mich, wieso ich es eigentlich überhaupt gekauft hatte. Ich brauche es nicht, ich komme nicht damit zurecht und ein Schnäppchen war es letzten Endes wohl auch nicht.

Eine mögliche Antwort gibt das Marketing mit seinen Vorgehensweisen und Strategien. Unter Marketing wird allgemein eine Konzeption der Unternehmensführung verstanden, bei der zur Erreichung der Unternehmensziele (mehr Gewinn, Vergrößerung der Marktanteile usw.) alle betrieblichen Aktivitäten konsequent auf die Erfordernisse der Märkte ausgerichtet werden. Wesentlich prägnanter finde ich allerdings die Aussage der Marketing-Gurus Kotler und Bliemel „Marketing ist die Kunst, Kunden auf gewinnbringende Weise zu finden und zufrieden zu stellen".[1] Doch so einfach, wie das die Lehrbücher beschreiben, ist es längst nicht mehr.

Schauen wir mal ein wenig in die Vergangenheit. In den 50er-Jahren galt es vor allem, die Grundbedürfnisse der Menschen, die noch immer unter den Folgen des Zweiten Weltkriegs litten, zu befriedigen. Das Fernsehen entstand und wurde bald auch als Werbeträger genutzt. Sieht man sich typische Werbungen der damaligen Zeit an, so waren es Werbungen für Grundnahrungsmittel (RAMA), Hygieneprodukte (Persil) oder erste Autos (VW Käfer). Die Produkte wurden hauptsächlich unter dem Leitmotiv „gute Qualität zu einem angemessenen Preis" vermarktet. Von Ästhetik oder gar Luxus war noch keine Rede. Das änderte sich in den 60er-Jahren. Jetzt waren die wichtigsten Grundbedürfnisse befriedigt und man suchte nach neuen Strategien, Produkte „an den Mann" zu bringen. Und hier kam die Vermarktung über ästhetische Produktmerkmale – das Design – ins Spiel. (Design hatte freilich auch davor große Bedeutung, man denke etwa an das berühmte Weimarer Bauhaus unter Walter Gropius.) Vielleicht erinnern Sie sich noch an die Zeit. Da gab es zum Beispiel die schönen Nierentische oder „Eiersessel“ in Orange, Beige oder Hellgrün unter Verwendung von viel Plastik. Plötzlich wurden die Produkte farbiger, verspielter – und nutzloser. Doch auch diese Marketingstrategie verpuffte irgendwann gegen Ende der 60er-Jahre.

Die 70er-Jahre waren ganz eindeutig das Zeitalter der Technikvermarktung. Mit den Fortschritten in der Elektronik, vor allem aber dem damals erfundenen Mikroprozessor (INTEL 1971) waren schlagartig viele neue Produkte möglich. Die Geräte wurden fortan wesentlich kleiner und boten bei weitem mehr Funktionalitäten als vorher. Demgegenüber trat das Design eher wieder in den Hintergrund. Mit dem Ende der 70er-Jahre kam die Sättigung: Die Kunden hatten eigentlich alles, was sie täglich brauchten. Damit musste sich das Marketing, das bis dahin auf offensichtliche Kundenbedürfnisse reagiert hatte, neu ausrichten. Fortan galt es, aktiv Bedürfnisse zu wecken und den Kunden zu überzeugen, dass er eigentlich schon lange „so etwas brauchte, es aber nur noch nicht wusste“. Ein Musterbeispiel hierfür ist der 1979 von SONY auf den Markt gebrachte Walkman. Hätte man vorher den Kunden gefragt, wäre sicher niemand auf die Idee gekommen, sich einen Walkman zu wünschen. Aber als dieses „nutzlose Ding“ – wie es ein großer deutscher Pionier der Unterhaltungselektronik einmal despektierlich bezeichnete – erst einmal in die Werbung kam, kaufte es fast jeder. Die Werbung bekam als Marketinginstrument mehr denn je eine zentrale Bedeutung. Sie sollte Bedürfnisse wecken und den Käufer überzeugen, dass er das jeweils neue Gerät, die neue Technologie unbedingt bräuchte. Der legendäre Firmengründer der Firma SONY, Akio Morita, brachte es in einem Interview 1982 auf den Punkt. Auf die Frage nach der Marktanalyse für den Walkman antwortete er: „Wir analysieren Märkte nicht, wir schaffen sie.“ Dieser Trend hält zwar bis heute an, konnte aber auch nicht die alleinige Erfolgsstrategie bleiben.

Die späten 80er- und die 90er-Jahre waren durch eine mittlerweile recht wohlhabende Gesellschaft gekennzeichnet, die sich gern alles Mögliche einreden ließ und obendrein das Geld hatte, es auch zu kaufen. Insbesondere Foto- und Elektronikprodukte kamen mehr und mehr aus Fernost und wurden zu Billigpreisen auf dem deutschen Markt verramscht. Gleichzeitig sahen sich die deutschen Hersteller mit hohen Produktionskosten konfrontiert und konnten dieser Strategie nicht folgen. Also musste man sich wieder etwas Neues einfallen lassen. Man kam auf die symbolischen Eigenschaften der Produkte. Der Kunde sollte die Hochwertigkeit der Produkte erkennen und sie deshalb anderen, womöglich billigeren Produkten vorziehen. Nun standen Markennamen im Vordergrund. Und da man hochwertige Produkte natürlich auch optisch als solche erkennen soll, wurde auch das Design als wichtiges Marketinginstrument wieder entdeckt. Den durchaus guten japanischen oder koreanischen „Billigknipsen" stellte man beispielsweise wieder edle und teure Kameras aus Deutschland gegenüber. Doch was war daran wirklich „Made in Germany"? Meistens wurde über das Innenleben aus Fernost eine deutsche Edel-Designerkappe gezogen und das Ganze dann unter Traditionsnamen auf den Markt gebracht.

Spiegelt man diese Strategien an den Kundenbedürfnissen, so lassen sich verschiedene Bedürfnisse klassifizieren. Ein Pionier auf diesem Gebiet war der amerikanische Psychologe Abraham Maslow, der seine Erkenntnisse zur Motivation der Menschen, etwas Bestimmtes zu tun bzw. zu kaufen, bereits in den 50er-Jahren in der so genannten Maslow'schen Bedürfnispyramide zusammenfasste.[2]

Auf der untersten Ebene der Pyramide müssen die *Grundbe-*

dürfnisse des Menschen wie Essen und Trinken befriedigt werden. Auf der nächsten Ebene strebt der Mensch nach *Sicherheit*, er möchte in einem sicheren Umfeld ohne Angst leben. Auf der dritten Ebene folgt das Bedürfnis nach *sozialer Interaktion*. Dazu zählen z. B. die Zugehörigkeit zu Gruppen oder Freundschaften. Auf der vierten Ebene ist das Bedürfnis nach *Wertschätzung* angesiedelt. Der Mensch möchte mit seinen Handlungen in einer Gruppe anerkannt werden und Wertschätzung erfahren. Auf der obersten Ebene ist das Bedürfnis nach *Selbstverwirklichung* angesiedelt. Darunter versteht Maslow den Wunsch des Menschen, seine Potenziale zu entfalten und Neues zu gestalten. Hier ist aber auch das Streben nach Unabhängigkeit, Schönheit und Individualität angesiedelt.

Obwohl die Maslow'sche Theorie mit ihrer strikt hierarchischen Ebenenbildung sehr stark umstritten ist und die verschiedenen Bedürfnisse in der Realität natürlich gleichzeitig oder in anderer Reihenfolge auftreten, lassen sich dennoch grobe Parallelen zu den oben dargestellten Marketingstrategien ziehen. Nach dem Krieg mussten zunächst viele Grundbedürfnisse befriedigt werden (*Rama* = Hunger, *Persil* = Sauberkeit, *VW-Käfer* = Mobilität). Das ging einher mit dem Bedürfnis nach Sicherheit, das z. B. durch klare Qualitäts- und Preisaussagen zu Produkten, aber auch Gewährleistungsversprechen angesprochen wurde. Nachdem dieses in den 60er-Jahren gestillt war, wandte man sich quasi den höheren Bedürfnisebenen zu. Mit dem modischen Design der 60er-Jahre bot man den Menschen die Möglichkeit, sich selbst zu verwirklichen und sich durch den Kauf „schöner" Produkte die Wertschätzung anderer innerhalb einer sozialen Gruppe zu sichern. Auch die Nutzung symbolischer Produkteigenschaften wie etwa Markennamen spricht vor allem die in Maslows Pyramide obersten beiden Bedürfnisebenen nach Wertschätzung und Selbstverwirklichung an.

Marketingstrategien Den Kern der Marketingstrategien stellen einige wenige Grundprinzipien dar. Zum einen ist dieses die Produktqualität. Der Kunde – und das gilt vor allem für die Deutschen – möchte sein Geld lieber für ein qualitativ hochwertiges und damit (vermeintlich) langlebigeres Produkt ausgeben als für ein minderwertiges. Also lässt sich ein Produkt besser vermarkten, wenn man dem Kunden über die Produktqualität Sicherheit vermittelt. Früher sollte das bereits das Gütesiegel „Made in Germany" gewährleisten, doch die Zeiten haben sich geändert. Auf der einen Seite beweisen viele Produkttests, dass ausländische Produkte vielfach qualitativ besser sind als die entsprechenden deutschen, und andererseits hat sich der Kunde über die Jahrzehnte durchaus an Weltmarktprodukte gewöhnt. „Made in Germany" wird daher mehr und mehr durch „Made by Porsche, Zeiss oder SONY" abgelöst.

Ein weiteres Grundprinzip ist die Vermarktung über den Preis. Wie schon gesagt, lässt sich diese Strategie so richtig erst seit den 70er-Jahren ausmachen. Die Strategie ist zwar recht einfach in der Ausführung, stellt Unternehmen aus Hochlohnländern allerdings vor große Probleme. Wenn man zu hohen Kosten produziert, kann man keinen Krieg an der Preisfront gewinnen. Nichtsdestotrotz hat es immer wieder Preisschlachten gegeben, gerade in wirtschaftlich schwierigen Zeiten. Auch aktuell sind solche Marktprobleme evident und es ist nicht verwunderlich, wenn wir mit Werbesprüchen wie „Geiz ist geil" oder „ich bin doch nicht blöd" geködert werden. Außerdem hat sich die Marktstruktur in den letzten 10–15 Jahren drastisch verändert. Konnte früher der Hersteller sein Marketing noch bis hin zum Endkunden konzipieren, so endet es heute zumindest im Konsumgüterbereich mehr und mehr auf der Ebene des Großhandels. Es haben sich große und mächtige Handelsketten herausgebildet, die letztlich festlegen, wie sie dem Kunden etwas verkaufen wollen. Und so werden die Preisschlachten heute vor allem vom Handel entfacht und weniger von den Herstellern. Die müssen in diesem Spiel, ob sie wollen oder nicht, mitziehen.

Wenn die Preisstrategie nicht mehr funktioniert, kommt die Funktionsstrategie. Als Anbieter muss ich mehr Funktionen anbieten – und damit natürlich auch in der Werbung herausstellen – als meine Wettbewerber. Und die machen dann wiederum das Gleiche, bis sich die Produkte durch 1365 gegenüber 1367 Funktionen unterscheiden. So erzeugt man „eierlegende Wollmilchsäue", die zwar nahezu jeden funktionalen Wunsch des Kunden abdecken, dafür aber nicht mehr handhabbar sind. Nichtsdestotrotz erfreut sich diese Strategie seit den 70er-Jahren einer großen Beliebtheit.

Wenn alle diese Grundprinzipien nicht mehr helfen, versucht man den Kunden emotional anzusprechen. Diese Strategie, die in den 90er-Jahren Aufwind bekam, hängt sehr stark mit der Vermarktung über symbolische und ästhetische Produkteigenschaften zusammen. Wenn mich ein Produkt emotional anspricht und ich – vielleicht nicht bewusst – positive Erinnerungen damit verbinde, werde ich es lieber kaufen als eines, das mich nicht derart anspricht. Viele Produkte setzen auf Nostalgie, z. B. in Form von traditionsverbundener Optik. Da werden modernste Radios in alte „Nussbaumsärge" gezwängt oder Funkuhren wird ein Outfit verpasst, das stark an das Design der frühen 20er-Jahre erinnert.

Damit wären wir beim Design. Das Produktdesign spielt eine ganz wichtige Rolle bei der Vermarktung. Der Kunde bewegt sich heute vorwiegend auf der obersten Ebene der Maslow'schen Bedürfnispyramide. Er möchte ein Produkt erleben und sich beispielsweise von den vielen hässlichen Billigprodukten fernöstlicher Produktion abheben. Das Design hat in

Deutschland eine lange Tradition. Seien es die vielen Impulse, die bereits in den 1920er- und 30er-Jahren von den Bauhausvätern ausgingen oder das schlichte funktionale Design eines Dieter Rams, mit dem die Firma Braun in den 70er-Jahren berühmt wurde. Damals war es selbstverständlich, dass sich die Designer auch für die Produktnutzung verantwortlich fühlten und im gesamten Entwicklungsprozess beteiligt waren. Schaue ich mir viele heutige Produkte an, so gewinne ich den Eindruck, dass sich hier ein grundlegender Wandel vollzogen hat. Der bekannte Designer Prof. George Teodorescu beschreibt die Situation sehr treffend mit dem Satz: „Design ist heute mehr und mehr die Maskierung der technischen Stagnation durch visuelle Masken."

Käufergruppen Aber kommen wir noch einmal auf den Kunden mit seinen Motivationen und Bedürfnissen zurück. Während der Ansatz von Maslow eher grundlegend verdeutlicht, woraus Bedürfnisse entstehen, kann man sich sehr viel detaillierter der Frage widmen, welche Käuferschichten man mit welchen Argumenten am besten erreichen kann. Auch das ist natürlich – wie kann es anders sein – Inhalt intensiver Forschungen. Denn nur wer weiß, wieso Kunden kaufen, kann ihnen auch das Richtige verkaufen. Es gibt sehr unterschiedliche Typen von Käufern: vom technikverliebten Schnickschnack-Käufer bis zum Traditionalist, der abwartet, bis alle anderen etwas schon haben.

Die meiner Meinung nach überzeugendste Theorie der Käuferklassifizierung stammt von dem amerikanischen Kommunikationswissenschaftler Everett Rogers, der in seinem berühmten Buch „Diffusion of Innovations"[3] folgende Kategorisierung entwickelte. Er untersuchte in den USA mehrere Käufergruppen wie z. B. Farmer, Ärzte und analysierte ihr Kaufverhalten bezüglich der Akzeptanz neuer Produkte. Ebenso befragte er sie über ihre allgemeinen Lebenseinstellungen, ihren beruflichen Erfolg und ihre soziale Stellung. Dabei zeigte sich, dass sich alle Gruppen in etwa fünf Käuferkategorien unterteilen ließen. Die daraus abgeleitete Kurve entspricht einer Gauss-Verteilung, deren Maximum der so genannte Mittelwert ist. Um den Mittelwert schwanken die Aussagen um die Standardabweichung. Aus diesen charakteristischen Werten leitet Rogers folgende Kategorisierung ab.

- Zu den *innovators* (Innovatoren) gehört gerade einmal jeder 40. Käufer. Es ist also eine sehr kleine Gruppe. Diese Käufer beobachten ständig den Markt, um innovative Produkte auszumachen. Haben sie etwas wirklich Neues gefunden, so setzen sie alle Hebel in Bewegung, um als erste das Teil zu besitzen. Ob ihnen ein neues Gerät wirklich nützt, ist für sie zweitrangig. Sie sind unabhängig, technisch bewandert und gehören meistens einer jüngeren Generation aus Gesellschaftsschichten mit gutem Einkommen an. Sie akzeptieren, ja suchen eventuell sogar bewusst die Unsicherheit, die mit dem Kauf absolut neuer, unbekannter Technik verbunden ist.
- Die *early adopters* (Früh-Begeisterte) folgen den Innovatoren. Zu dieser Gruppe zählt schon fast jeder siebte Käufer. Auch sie beobachten den Markt auf der Suche nach Neuem und können sich schnell dafür begeistern. Allerdings sind sie etwas besonnener in ihren Kaufentscheidungen und prüfen den Nutzen neuer Geräte. Auch sie gehören meist einer gehobeneren Gesellschaftsschicht an und gehören zu den Meinungsmachern. Sie akzeptieren einen gewissen Grad von Unsicherheit, versuchen sie aber z. B. durch den Austausch von Erfahrungen mit Gleichgesinnten zu begrenzen.
- Mit der *early majority* (frühe Mehrheit) beginnt die Masse der Käufer. Sie haben selbst keine Meinungsführerschaft, son-

dern orientieren sich an den *early adopters*. Sie können sich zwar für technische Neuerungen begeistern, warten aber zunächst einmal ab, bis sich das Neue auch in der Praxis bewährt hat. „Sei nicht der erste und nicht der letzte", könnte ihr Motto sein.

- Die *late majority* (späte Mehrheit) steht neuen technischen Entwicklungen eher skeptisch gegenüber. Sie verfügt im Allgemeinen über ein geringeres Einkommen und entscheidet sich für den Kauf von neuen Dingen erst, wenn die Mehrheit sie schon besitzt. Sie hat aufgrund ihrer schlechteren wirtschaftlichen Situation ein ausgeprägtes Sicherheitsbedürfnis.
- Die *laggards* (Zauderer) könnte man vielleicht auch als die ewig Gestrigen umschreiben. Sie kaufen Dinge erst, wenn es sich wirklich nicht mehr vermeiden lässt. Sie misstrauen allen neuen technischen Errungenschaften und sind mit ihren Gerätschaften lange Zeit zufrieden. Sie sind traditionsorientiert und stehen mit ihren Meinungen eher etwas außerhalb der Gesellschaft.

Was bedeutet das nun für die Vermarktung von Produkten? Etwas vereinfachend kann man die Käufer offenbar in drei Hauptkategorien einteilen:

Die Technik-Begeisterten (*innovators* und *early adopters*) machen circa ein Sechstel des Marktes aus. Obwohl ein Sechstel nicht die Mehrheit darstellt, sind die Käufer dieser Gruppe für die Vermarktung äußerst wichtig. Sie sind als Erste bereit, technische Neuerungen zu kaufen und Erfahrungen damit zu machen. Diese Gruppe muss ich vor allem mit technischer Funktionalität sowie mit dem Hinweis auf das Innovative meines Produkts ködern. Diese Gruppe ist auch deswegen so wichtig, weil sie den Markt für die breite Masse vorbereitet. Rogers charakterisiert dies sehr treffend: „Die *early adopters* drücken den Produkten durch ihren Kauf das TÜV-Siegel der Akzeptanz auf.“ (in sinngemäßer Übersetzung)

Die breite Masse der Käufer (*early* und *late majority*) repräsentieren circa zwei Drittel des Marktes und sind damit sicher die Zielgruppe, die für den wirtschaftlichen Erfolg von Produkten am wichtigsten ist. Diese Käufer muss man vor allem über den Nutzen, die Qualität und den Preis ansprechen. Diese Gruppe orientiert sich an den Technik-Begeisterten, wartet aber ab, bis neue Produkte ausreichend erprobt sind und zu einem akzeptablen Preis-Leistungsverhältnis angeboten werden.

Die Zauderer (*laggards*) sind aufgrund ihrer Grundhaltung schwierige Kunden. Sie lassen sich über die traditionellen Kanäle wie Fernseh- oder Zeitungswerbung nur schwer erreichen. Sie sind eher der Kundenkreis für den Abverkauf von Restposten zu Billigpreisen.

Produkte müssen sehr differenziert vermarktet werden. Neben den generellen Strömungen oder Trends, die es zu treffen gilt, sollten die Kunden gezielt gemäß der dargestellten Kategorien angesprochen werden. Und je gezielter und überzeugender ich meinen Kunden erreiche, desto weniger wird der sich Gedanken über seine Kaufentscheidung machen. Dass in der Werbung Wichtiges weggelassen, maßlos übertrieben und elegant gelogen wird, sollte der Kunde eigentlich wissen. Und doch fällt er auf diese Strategien herein. Er hinterfragt nicht mehr, sondern kauft – ein dummer Kunde ist halt ein besserer Kunde!

Marketing in Zukunft Wie man weiß, gibt es nichts Schwierigeres als die Zukunft vorherzusagen. Und wenn dies nicht die Qualität der Kaffeesatzleserei bekommen soll, sollte man sich an überschaubaren Zeiträumen orientieren. Der Markt – insbesondere der für hochwertige Konsum- und Investitionsgüter – entwickelt sich mit schnellen Schritten zu einem globalen Markt. Der Kunde hat das seit langem akzeptiert und kauft offenbar Produkte unabhängig davon, wo sie produziert wurden. Koreanische Autos sind zumindest für die breite Masse der Käufer genauso akzeptiert wie Kameras oder Elektronikartikel aus Fernost, die hier eine Vorreiterrolle innehatten. Und da die Organisation des Einkaufs und Vertriebs durch das Internet immer einfacher globalisiert werden kann, wird sich diese Tendenz weiterhin festigen. Dazu kommt, dass auch der Transport der Güter durch offenere Grenzen und billigere Transportkosten immer einfacher wird. Mit dem Übergang in eine globalisierte Welt bekommen die Hochlohnländer Probleme, da sie sich mit ihren hohen Produktionskosten plötzlich gegen viele Niedriglohnländer behaupten müssen. Eine erste Überlebensstrategie besteht immer darin, die Produktion der eigenen Produkte zu weitaus geringeren Kosten in die Niedriglohngebiete zu verlagern. Wir exportieren also Produkt-Know-how und importieren hochwertige Eigenprodukte zu geringeren Kosten. So hat die Firma IBM ihre Computerfestplatten ursprünglich in San José und Mainz konstruiert und auch produziert. In den 90er-Jahren ging dann die Produktion mehr und mehr nach Ungarn und Singapur. Und als auch diese Länder zu teuer wurden, verlagerte man die Produktion nach Thailand. Wenn Sie heute in Ihren Computer schauen, werden Sie wahrscheinlich vorwiegend Festplatten entdecken, die komplett in Taiwan oder Korea von dort ansässigen Konzernen entwickelt und gefertigt wurden. Daraus lernen wir, dass diese Strategie nicht auf Dauer funktioniert, denn die ausländischen Produzenten lernen aus unseren Produkten und unserem importierten Know-how und werden damit selbst in die Lage versetzt, Produkte auch für unsere Märkte zu entwickeln. Damit treten sie über kurz oder lang als Konkurrenten auf dem einheimischen Markt auf und können Produkte anbieten, die mit deutlich geringeren Herstellkosten belegt sind. Um konkurrenzfähig zu bleiben, muss die einheimische Industrie darauf mit der Senkung der direkten und indirekten Kosten reagieren. Dies heißt dann wiederum Einkommensverlust oder im schlimmsten Fall Arbeitsplatzverlust für viele einheimischen Arbeitnehmer. Damit wird nun leider wiederum die Kaufkraft reduziert und man findet immer weniger Käufer für die Produkte.

Deutschland scheint sich zurzeit in dieser Marktsituation zu befinden. Ich möchte an dieser Stelle bewusst keinen Exkurs in die politischen Lehren und Wege aus dieser Krise machen, sondern mich auf das Marketing konzentrieren. Bezogen auf das Modell von Rogers wird die Kaufkraft vor allem bei den Kunden mit niedrigerem Einkommen zu empfindlichen Einbußen führen. Und diese Kunden gehören vor allem den Gruppen der *late majority* und der *laggards* an. Da hier das Einkommen ein limitierender Faktor ist, wird man diese Kunden vor allem über die Preisstrategie oder – etwas vulgärer ausgedrückt – die „Geiz ist geil"-Strategie erreichen müssen. Hier ist gute Qualität zu Schnäppchenpreisen ein probates Mittel zum Kundenfang.

Die Kunden, die den so genannten *innovators, early adopters* und *early majority* zuzurechnen sind, gehören zu einem höheren Prozentsatz den Besserverdienenden an. Zwar hat sich auch für diese Gruppe das Realeinkommen in den letzten Jahren vielfach reduziert, es stellt aber keinen so limitierenden Faktor für das Konsumverhalten dar, wie es das für die andere Gruppe ist. Somit sind hier andere Marketingstrategien gefragt. Zum einen scheinen diese Kunden über die Emotionalität der Produkte und damit auch der Werbung erreichbar zu sein. Zum anderen ist hier ein ungebrochener Trend in Richtung Individualität festzustellen. Die Kunden dieser Gruppen sind eher bereit, Geld dafür auszugeben, sich von der breiten Masse durch Qualität, insbesondere Ästhetik und Luxus abzuheben. Somit muss ich diesen Kunden stärker individualisierte Produkte mit einem hohen Erlebniswert verkaufen. Und Individualität lässt sich wiederum gut mit der uralten Strategie der Funktionsvermarktung kombinieren. Wenn ich technisch in der Lage bin, 427 Funktionen zu realisieren, kann ich diese natürlich unter immer wieder neuen Produktmänteln bzw. -namen zusammenstellen und dem Kunden somit eine weitaus stärkere Differenzierung suggerieren. Beispiele hierfür sind die stark zunehmende Modellvielfalt der Automobilhersteller, die diese Plattformstrategie immer besser beherrschen. Aber auch viele Konsumgeräte unterscheiden sich nur noch durch unterschiedliche Frontplatten und die dahinter verborgene Software.

Damit komme ich wieder zu meinem Grundthema zurück: die Mensch-Maschine-Schnittstelle. Wenn die technischen Funktionalitäten ausreichend und auch individuell abdeckbar sind, wenn die Hardware immer identischer wird und sich damit immer weniger zur Produktdifferenzierung eignet, dann wird die Mensch-Maschine-Schnittstelle in der Produktvermarktung immer wichtiger. Darüber wird der Nutzer sein Gerät „erleben". Darüber muss ich nicht nur Funktionalität anbieten, sondern auch emotionale Elemente. Das bezeichnet man auch als die „Joy-of-use"-Komponente. Der Nutzer soll Freude beim Umgang mit einem Gerät haben und diese Freude unbewusst auch mit der Produktmarke verbinden. Ist die Mensch-Maschine-Schnittstelle schlecht gestaltet, so wird „joy of use" aber wahrscheinlich schnell in „anger of use" umschlagen und somit jedes Marketingkonzept torpedieren. Deswegen behaupte ich, dass eine Joy-of-use- ohne eine Ease-of-use-Strategie zum Scheitern verurteilt ist.

Happy End für zwei ungleiche Partner?
– Fortsetzung folgt

Die Zukunft war früher auch einmal besser!
Karl Valentin

Nach einem harten Arbeitstag kommen Sie nach Hause, lassen sich in Ihren Sessel fallen und wollen nur noch eines: relaxen. Schon wird das Licht automatisch gedimmt, auf dem Großbildschirm an der Wand erscheinen Palmen an weißen Sandstränden und eine leise entspannende Musik setzt ein. Ihr persönlicher Hausroboter rollt heran und steht zu Diensten. „Hol mir mal 'ne Flasche Bier“, sagen Sie zu ihm, er antwortet freundlich, „sofort“ und schwebt in Richtung Küche. Nach wenigen Sekunden kommt er mit der kühlen Erfrischung zurück. Nun erscheint auf dem Großbildschirm Lucy, eine freundliche virtuelle Dame, die man auch persönlichen Avatar nennt, und macht Sie darauf aufmerksam, dass dies leider die vorletzte Flasche Bier sei. „Soll ich eine Nachbestellung veranlassen?“ fragt sie. „Ja klar, aber kauf was Preisgünstiges!“ – „Gerne, ich werde die Angebote online prüfen. Soll ich auch gleich Butter, Marmelade und Brot bestellen?“ – „Klar doch“, antworten Sie und können sich darauf verlassen, dass am nächsten Tag alles in Ihrer Anlieferbox sein wird.

Daraufhin fragt Lucy, ob sie Ihre E-Mails vorlesen soll. O.k., das soll sie auch gleich machen! Und schon geht es los, zuerst wie gewünscht die privaten, dann die geschäftlichen und schließlich der ganze restliche Werbekram, aber bitte nur die Schlagzeilen. Da fragt z. B. Ihre alte Freundin Elli, ob Sie nicht mal wieder mit ihr essen gehen möchten. Eine gute Idee – Sie bitten Lucy, einen Termin mit dem virtuellen Assistenten von Elli zu vereinbaren. Lucy weiß, dass Sie und auch Elli gern chinesisch essen gehen und fragt sie gleich, ob sie wieder eine Reservierung im Restaurant WanchuWok tätigen soll. „Nein, diesmal bitte nicht dort, war letztes Mal nicht mehr so gut." Lucy schlägt prompt Alternativen vor, zeigt Ihnen schon einmal die jeweiligen Speisekarten sowie Bilder vom Restaurant. Schließlich wählen Sie eines aus und Lucy reserviert. Nach dem Restaurantbesuch wird Lucy Sie automatisch um eine Bewertung bitten und so ihre Wissensdatenbank updaten.

Aber was essen Sie heute Abend? Kein Problem, Lucy wird Sie auch in dieser Frage beraten. Sie hat Sie beobachtet und weiß daher, dass Sie sehr müde sind. Deshalb schlägt sie erst gar keinen Restaurantbesuch vor. „Wie wäre es mit einer angelieferten Pizza?" „Ja, das ist eine gute Idee, bitte mit Thunfisch und einem italienischen Salat dazu" – „Also wie immer …", sagt Lucy lächelnd und schon geht die Bestellung raus. Sekunden später kommt auch schon die Bestätigung vom virtuellen Pizzabäcker Luigi. „In swanzisch Minute sein Pizza da, versproche!" „Zwanzig bitte", korrigiert Lucy eifrig in einwandfreiem Hochdeutsch, während Sie noch ein wenig die Ruhe bei leiser Musik genießen und sich auf die frische Pizza freuen.

Glaubt man einigen High-Tech-Firmen so wird diese kleine Science Fiction Geschichte bald Realität sein. Jenes Zeitalter nennt man dann die Post-PC-Ära und umschreibt sie mit Begriffen wie Pervasive Computing, Ubiquitous Computing oder Ambient Intelligence. Computer werden unsichtbar (endlich!!) und verschwinden als hilfreiche Heinzelmännchen in allen möglichen Alltagsgegenständen. Damit das Ganze funktioniert, müssen sich diese kleinen Heinzelmännchen unterhalten und ihre

Wünsche und Erfahrungen austauschen können. Dazu braucht man leistungsfähige Netzwerke, die drahtlos funktionieren. Wenn sie ein neues Gerät kaufen, wird sich dieses Gerät unbemerkt bei seinen „Kollegen“ bekannt machen und seine Dienste anbieten. Umgekehrt wird es von seinen „Nachbarn“ Dinge über Sie erfahren und dieses Wissen nutzen, um genau das zu tun, was Sie erwarten. So werden diese kleinen „Helferlein“ Sie ständig beobachten und Dinge über Sie lernen. Wann Sie aufstehen, welche Lieblingsspeisen Sie haben, welche Musik Sie am liebsten in welcher Stimmung hören etc.

Sie können diese „intelligente“ Welt natürlich nicht nur in Ihren vier Wänden genießen, denn Mobilität wird ein weiteres wichtiges Kennzeichen sein. Sie können zu Hause eine virtuelle Fahrkarte bestellen, am Bahnhof die Fahrkarte aufrufen und gegebenenfalls ändern, im Zug Ihre Heizungssteuerung oder Alarmanlage abfragen und im „intelligenten“ Hotelzimmer das dort hängende „Wandgemälde“ bitten, Ihnen die E-Mails abzurufen. Damit das alles funktioniert, müssen Sie zweifelsfrei identifiziert werden. Und dies wird sicher nicht mehr über 769 Passwörter oder 5421 PIN's möglich sein. Biometrische Verfahren werden diese Aufgabe viel eleganter, unauffälliger und sicherer übernehmen. Dazu wird Ihre Iris in Sekundenbruchteilen vermessen oder Ihr Sprachspektrum analysiert. Und wenn alles in Ordnung ist, haben Sie einen ständigen Zugriff auf Ihre persönlichen Daten, wo immer Sie auch gerade sind.

So futuristisch, wie sich dieses Szenario anhört, ist es eigentlich gar nicht. Drahtlose Netzwerke wie WLAN, Bluetooth oder UMTS gibt es schon, biometrische Erkennungsverfahren werden nach den verheerenden Terrorattacken mit großen Schritten realisiert und über ein multifunktionales Handy, sprich Smartphone, können sie heute schon in nahezu jeder Ecke der Welt ihre Daten abrufen. Die ersten Flugzeuge mit Internet-Zugang können sie schon buchen und in Luxusklasseautos ist ein Internetzugang auch kein Problem. Wo liegen also die Probleme?

Problem Technik Zum einen sind es nach wie vor zutiefst technische Probleme. Mobile Geräte brauchen Strom und den will man nicht alle zwei Stunden nachtanken müssen. Wir brauchen also wesentlich leistungsfähigere Kleinstcomputersysteme, so genannte „embedded systems", die mit einem minimalen Energieverbrauch über viele Tage oder Monate betrieben werden können. Ich bin mir sicher, dass wir diesem Ziel sehr schnell näher kommen werden. Die notwendige Energie können wir aus immer kleineren und leistungsfähigeren Batterien holen oder aber auch aus dem Prozess. Vielleicht ist in zukünftigen Schuhen ein kleiner Generator eingebaut, der bei jedem Schritt mechanische Energie in elektrische umwandelt. Wir brauchen ebenfalls die dazu passende Firmware, also die Basissoftware zum Betrieb dieser Geräte. Und diese Firmware muss sich am Leistungsangebot der Hardware orientieren. Wir brauchen Netzwerktechnologien, die einen völlig unbemerkten Transfer von einem System zu einem anderen unterstützen. Der Anwender will sich nicht permanent ein- und wieder ausloggen, sondern möchte bekannt sein. Ob sein Handheld dabei gerade über WLAN oder UMTS die Daten übermittelt, ist ihm völlig egal.[1]

Damit einher geht die vollständige Entkoppelung von Hardware und Anwendung. Ich möchte meine E-Mails vielleicht zunächst auf meinem UMTS-Handy anschauen, um dann nahtlos auf meinen Laptop zu wechseln, weil ich dort z. B. die Fotos besser anschauen kann. Dabei wird das UMTS-Handy vielleicht mit einem Strong-ARM-Prozessor und SYMBIAN-Betriebssystem ausgestattet sein und das Laptop mit einem INTEL-Prozessor unter Windows arbeiten. Und die Infrastruktursysteme für WLAN oder UMTS werden wiederum andere Hardwareplattformen haben. „Seamless Mobility“ nennt man diese Situation oder auch in der prägnant praxisnahen Ausdrucksweise der Amerikaner „Suspend anywhere – Resume anywhere“.[2] Ich kann meine Arbeit irgendwo und jederzeit unterbrechen und sie problemlos woanders fortführen. So gut das klingt, so schwierig gestaltet sich hier die Realisierung. Denn Hardwareunabhängigkeit bedeutet nichts anderes als *Standards schaffen* und Standards stellen letztlich Einschränkungen in der Gestaltungsfreiheit dar.

Standardisierte Schnittstellen müssen so geschaffen werden, dass sie erstens über viele Jahre Bestand haben und zweitens von allen Herstellern akzeptiert werden. Hier liegt das erste Hauptproblem. War vor vielen Jahrzehnten noch die internationale Standardisierungsorganisation ISO in der Lage, Standards verbindlich festzulegen, so bewegt sich die Technik heute mit einer solch atemberaubenden Geschwindigkeit vorwärts, dass die Zeitkonstanten einer typischen, auf demokratischen Grundregeln basierenden ISO-Standardisierung viel zu groß geworden sind. Deswegen werden immer mehr Standards heutzutage von großen Herstellern de facto gesetzt und allenfalls im Nachhinein verbindlich festgeschrieben. Standards setzen meistens auch ein massives Problem der Vermarktung voraus. Die Industrie ist nur dort bereit, sich auf einen Standard zu einigen und damit Gestaltungsfreiheit aufzugeben, wo keine Kernfelder betroffen sind und es wirtschaftlich Sinn macht. Würde man nun die „seamless mobility“ realisieren, so wäre es dem Anwender völlig freigestellt, auf welcher Hard- und Firmware seine Anwendung läuft. Und damit hätten Intel, Microsoft und Co. sicher ihre Probleme. Womit wir wieder beim Markt und bei der Vermarktung wären. Die nötigen Standards werden erst dann entstehen, wenn der Markt durch fehlende Standards für alle Marktteilnehmer behindert wird. Erst dann werden sich die „Keyplayer" dazu durchringen, solche Standards in Eigenregie, allenfalls noch moderiert durch einige Standardisierungsorganisationen wie IEEE, IEC oder Ähnliche zu schaffen.

Im Bereich der Telekommunikation ist dieser Weg schon deutlich auszumachen und aufgrund der nationalen Quasi-Monopolstrukturen auch einfacher zu realisieren. Mit der unaufhaltsamen Digitalisierung hat man erkannt, dass man Inhalt (Content) von Transport trennen muss. Das Internet hat uns gelehrt, dass jegliche Form von digitalem Content wie Sprache, Daten oder Radio in eine TCP/IP Hülle verpackt und quer durch die Welt verschickt werden kann. Also wird man die klassischen Telefonvermittlungsstellen sukzessive und flächendeckend bis zum Jahr 2012 – so die Telekom-Planung – auf TCP/IP basierte „Content"-Vermittlungsstellen umbauen. Und damit wird die Voraussetzung geschaffen, Content wie Sprachtelefonie, MP3-Musik, digitales Fernsehen, aber eben auch Daten über irgendeinen beliebigen Kanal wie ISDN, UMTS oder Internet in das Transport- und Vermittlungssystem einzuspeisen und es woanders über einen beliebigen Kanal auszugeben. Wir werden also in Zukunft problemlos mit unserem Handy fernsehen, in unserem Auto MP3-Songs online hören oder über den Computer mit unserer Großmutter telefonieren können, die ihrerseits lediglich ein antiquiertes Analogtelefon besitzt.

Problem Bedienbarkeit Das zweite große Problem liegt in der *Bedienbarkeit* aller dieser Systeme. Wir können die Systeme weder mit ausladenden Tastaturen ausstatten noch mit stromfressenden Großdisplays. Und eine Stifteingabe in der fahrenden U-Bahn dürfte die Feinmotorik des Menschen auch drastisch überfordern. Der Mensch soll stattdessen einen quasi-natürlichen Zugang zur Technik bekommen. Er soll mit den Geräten reden und ihnen Dinge zeigen können. Damit wären wir bei der bereits beschriebenen „multimodalen Interaktion", bei der die Interaktion parallel über mehrere Sinneskanäle ablaufen wird. Im Grunde genommen ist das der richtige Weg, denn der Mensch kommuniziert auch mit anderen Menschen sehr effektiv und vor allem fehlerfrei über diese Sinnesmodalitäten.

In der Sprachverarbeitung sind wir schon sehr weit. Viele Telefon-Hotlines arbeiten mittlerweile sehr zuverlässig mit der Sprachein- und -ausgabe. Allerdings müssen wir in der Regel den Kontext der Interaktion einschränken, um mit der heute verfügbaren Rechenleistung zu akzeptablen Ergebnissen zu kommen. Wenn wir Fahrkarten bestellen möchten, können wir uns eben nur über Fahrkarten unterhalten und nicht etwa fragen: „Was machen Sie heute Abend?" Kritiker halten gern entgegen, dass die für den PC erhältlichen Diktierprogramme keineswegs zufrieden stellend arbeiten. Das ist richtig, doch vergleichen sie Äpfel mit Birnen. Ein Diktierprogramm muss jedes Wort verstehen und richtig zu Papier bringen. Ein Sprachdialogsystem braucht dies normalerweise nicht. Es soll den Sinn des Gesprochenen verstehen und dazu ist keine hundertprozentige Worterkennung nötig. Stattdessen gehen die Dialogsysteme genauso vor wie der Mensch. Auch der versteht häufig nicht jedes Wort, aber er kann sich aus der jeweiligen Situation und dem dazu gespeicherten Wissen mit einer sehr hohen Wahrscheinlichkeit die richtige Bedeutung zusammenreimen. Und wenn nicht, fragt er einfach noch einmal nach.

Darüber hinaus nutzt der Mensch permanent die Redundanz der Informationen seiner Sinneskanäle. Das Gesprochene muss mit Zeigehandlungen oder den visuellen Eindrücken zusammenpassen. Um den Satz verstehen zu können „Hol mir mal die Flasche Bier da drüben", muss ein Serviceroboter nicht nur die Anweisungsworte erkennen, sondern aus dem Blickfokus und vielleicht auch der Zeigegeste des Menschen ableiten, wo diese Flasche Bier denn steht und schließlich auch noch wissen, wie typischerweise eine Flasche Bier aussieht, damit er nicht die Blumenvase daneben greift. Auf eine leistungsfähige Erkennung von Umgangssprache (und dies auf kleinen mobilen Geräten) werden wir also wohl noch lange warten müssen. Aber in bestimmten gut abgrenzbaren Anwendungsdomänen dürfte der Siegeszug schon bald einsetzen.

Die Gestaltung der Benutzungsschnittstelle, also des User Interface, ist für die Akzeptanz der Ambient Intelligence von zentraler Bedeutung, denn der Nutzer wird das jeweilige Gerät weitgehend nur noch über das User Interface erleben. Und damit steht und fällt der Markterfolg für einen Hersteller mit der Benutzungsoberfläche. Diese muss einfach zu handhaben sowie fehlertolerant sein und den Menschen auch noch emotional ansprechen.

Problem Emotionalität Damit sind wir wieder bei der *Emotionalität*. Wie gesagt, wird auf dem „Klavier" der Emotionalität bislang allenfalls beim äußeren Produktdesign gespielt. Ein gutes Beispiel ist der VW-Beetle. Der ist im Prinzip ein Golf, allerdings bei weitem nicht so praktisch und dafür deutlich teurer. Wieso wird dieses Auto dann gekauft? Ganz einfach, der Käufer möchte sich von dem Rest der Käufer abheben. Die Botschaft nach innen lautet: „Denk mal an deine Jugend zurück, hast du nicht auch gute Erinnerungen an den guten alten Käfer?" Die Botschaft nach außen lautet dagegen: „Ich kann mir ein schickes Auto leisten, auch wenn es teuer ist."

Die Emotionalität spielt bei allen menschlichen Handlungen eine ganz wesentliche Rolle. Insofern kann sie aus der Gestaltungsproblematik der Mensch-Maschine-Interaktion letztendlich nicht herausgehalten werden. Bislang hat man diesen Bereich sehr stiefmütterlich behandelt, denn über die heute üblichen User Interfaces, die meist einen Bildschirm und eine Tastatur als Hauptinteraktionselemente benutzen, ist kaum Emotionalität zu vermitteln. Wenn wir aber mehr und mehr zu multimodalen Interfacetechniken kommen, die Sprache oder die Darstellung virtueller Personen (Avatare) nutzen, werden wir eine neue Qualität der Emotionalität bekommen. Sie haben sicher schon häufiger Personen getroffen und nach wenigen Sekunden festgestellt, die oder den mag ich oder eben nicht. Dazu reicht es häufig schon aus, nur die Stimme zu hören. Dazu ein kleines Beispiel aus meiner täglichen Arbeit. Wir wurden vor einiger Zeit von einer Firma mit der Frage konfrontiert, ob man das bislang textuelle Hilfesystem an ihren Maschinen zukünftig nicht besser durch eines mit einem Avatar ersetzen sollte, der den Nutzern Fehler interaktiv erklärt. Da wir uns alle unsicher über den Erfolg waren, haben wir zunächst ein Demosystem programmiert. Bei Aufruf der Hilfe erscheint eine hübsche virtuelle Dame auf dem Bildschirm und begrüßt den Nutzer, dann fragt sie nach dem Fehler. Ein fester Teil der Dialoge wurde durch eine reale Dame mit einer sympathischen Stimme aufgesprochen, sodass sich die Sprache wirklich menschlich anhörte. Der andere situationsabhängige Teil wurde als synthetische Computersprache ausgegeben, was sich – noch – deutlich von einer menschlichen Stimme unterscheidet. Der Dialogablauf war durch interaktive Skripte festgelegt. Das heißt, bei einer Eingabe durch den Nutzer rief die Avatarsteuerung ein dazu passendes Skript auf, in dem die Texte sowie die Gestik und Mimik für eine bestimmte Szene festgelegt sind. Da relativ früh klar war, dass ein starres Skripting schnell Langeweile erzeugen würde, wurden zu jeder Situation vier bis fünf Skripte programmiert, die entweder zufällig oder anhand bestimmter Randbedingungen aktiviert wurden. So redete die virtuelle Dame ihre Nutzer zunächst höflich mit „Sie" an, um ihnen nach einiger Zeit der Nutzung das vertrauliche „Du" anzubieten. Unterbricht der Nutzer die Dame in ihren Erläuterungen, so hat sie unterschiedlich kesse Sprüche dafür parat. Ebenso verfügt die „Dame" über einen gewissen „Garderobenvorrat", sodass sie von Tag zu Tag in einem anderen Outfit auf dem Bildschirm erscheint. Doch alle diese Bemühungen, Vielfalt zu erzeugen, waren nur von einem kurzen Erfolg gekrönt.

Als das System erstmalig vorgeführt wurde, war die Begeisterung groß und man war spontan der Meinung: „Das sollten wir in unsere Maschinen einbauen." Doch bald kam die Ernüchterung. Nach einigen Tagen des Herumspielens sagte die Mehrheit der Testpersonen, dass es mittlerweile langweilig sei, sich immer wieder die gleichen Sprüche der virtuellen Dame anzuhören. Und ihr adrettes Aussehen schien die Wirkung ebenso zu verlieren. Nun kann man sicher die Anzahl der Skripte oder den Variantenreichtum der Garderobe deutlich erhöhen, doch man wird letztlich auch damit scheitern. Analysiert man die Ergebnisse dieses kleinen Versuchs etwas näher, so kommen wir zwangsläufig wieder auf die Emotionalität. Der Mensch fühlt sich offenbar nur dann in der Kommunikation mit einer anderen Person wohl, wenn seine Dialoge starke emotionale Komponenten haben. Nur das Erkennen und Reagieren auf die Emotionen meines Gegenübers machen die Kommunikation immer wieder interessant. Erst wenn wir in der Lage sind, unseren künstlichen Menschen eine eigene Persönlichkeit zu geben, aus deren Emotionalität sich dann die Dialoge entwickeln, werden wir Erfolg mit dieser Interaktionstechnik erwarten können. Und damit das funktioniert, muss die Avatarsteuerung natürlich auch die Emotionen eines menschlichen Kommunikationspartners erkennen. Hier gibt es zwar Vorarbeiten, von einer wirklichen emotionsbasierten Dialogsteuerung sind wir allerdings noch weit entfernt.

Problem Datenschutz Nach Standardisierung, Bedienbarkeit und Emotionalität ist das vierte große Problemfeld *Datensicherheit* und *Datenschutz*. Wie die kleine Geschichte am Anfang des Kapitels deutlich macht, brauchen zukünftige Assistenzsysteme Wissen über den oder die Nutzer. Hierzu zählen nicht nur „harte" Fakten wie Irisbild oder Kontonummer sondern auch viele „weiche" Daten, wie z. B. Vorlieben oder Gewohnheiten der Nutzer. Was ist nun, wenn unsere virtuelle Lucy von einem anderen Agenten bzw. von gut zahlenden Softwarefirmen über die Gewohnheiten unseres Bewohners ausgefragt wird? Bekommt er dann plötzlich jede Menge Werbung, die seltsamerweise genau auf sein Profil zugeschnitten ist? Oder versagt ihm seine Bank einen Kredit, weil er zu generös mit seinem Geld umgeht? Hier wird eine hohe Sensibilität vonnöten sein. Ein Markterfolg dieser Technologien wird sich daher nur einstellen, wenn wir ein Gleichgewicht zwischen dem natürlichen Schutzbedürfnis des Nutzers und der für die komfortable Nutzung erforderlichen umfangreichen Wissensspeicherung finden.

Das Problem der Rechtsfolgen Als weiteres Problemfeld möchte ich kurz die *rechtlichen Konsequenzen* ansprechen. Wenn ich meinem persönlichen Avatar den Auftrag gebe, Pizza oder was auch immer zu ordern, so kommt damit ein Vertrag zustande. Jemand wird die Pizza liefern und sein Geld dafür haben wollen. Wer haftet aber, wenn mein Agent 20 Pizzen bestellt, nur weil ich ihm gesagt habe, ich hätte einen solchen Hunger, ich könnte glatt 20 Pizzen verschlingen. Ist das nun eine bedauerliche Dummheit von mir oder ein Produktmangel der Agentensoftware? Auch hier werden wir wohl noch viele Streitigkeiten vor Gerichten ausfechten und daraus Gesetze entwickeln müssen, die den Gepflogenheiten dieser schönen neuen Welt Rechnung tragen.

Problem Vermarktung Das letzte Problemfeld stellt die *Vermarktung* dieser neuen Technikwelt dar. Wenn wir uns dabei nur einmal auf den kleinen Teil unserer Welt beschränken, den man vielleicht mit „High-Tech-Nationen" umschreiben könnte, so treffen wir dort zu einem großen Teil auf Kunden, die bereits alles haben, was die Technik so zu bieten hat. Diesen Kunden gilt es einerseits zu vermitteln, welchen Mehrwert sie aus dieser neuen Technikwelt ziehen können. Sie setzen (blind) voraus, dass diese Technik sicher funktioniert und die versprochenen Vorteile erfüllt. Sie wollen damit ihr Leben erleichtern, die verborgene Technik nutzen und das so einfach wie möglich. Es wird damit zu einer zentralen Frage der Vermarktung werden, wie ich zumindest die Kunden aus der Gruppe der *innovators* und *early adopters* quasi als Leitkunden gewinnen kann. Die augenblicklichen Aktivitäten deuten darauf hin, dass man den Einstieg über den Home- und Konsumbereich machen wird. „Intelligente" Haushaltsgeräte mit Internetzugang in einem Home-Netzwerk werden wohl bald schon Realität werden und dies nicht nur in den wenigen Vorzeigehäusern, sondern auf breiter Fläche.

Auf der anderen Seite werden die so genannten Smart Devices immer stärker in unser Leben drängen, die das Telefon, eine vollwertige Digitalkamera, einen Mini-Fernseher usw., aber eben auch einen leistungsfähigen Rechner mit der Möglichkeit, diese Geräte als universelles Bedienteil einzusetzen, in sich vereinen werden. Unterstützt wird das Ganze durch die drahtlosen Netzwerke. Damit wird dem Kunden eine extrem hohe Mobi-

ABB. 18 Zukünftig tanken wir womöglich nur noch multimedial. (Quelle: Scheidt & Bachmann GmbH)

lität gegeben werden. Und mit der Mobilität werden wir nicht nur zu neuen Arbeitsformen finden, die keine feste Bindung an einen bestimmten Arbeitsplatz mehr erfordern, sondern womöglich auch zu neuen Lebensformen.

Der Einzelne wird wahrscheinlich mehr und mehr Konsumbedürfnisse online erfüllen. Damit kommt er nicht mehr in ein Geschäft, in dem er dann auch noch viele andere Angebote sieht. Also muss man ihn auf neuen Wegen erreichen. Ein schönes Beispiel dafür ging durch die Presse: Ein großer Hersteller von Tankanlagen hat eine erste Multimediatanksäule vorgestellt – mit Farbbildschirm und Sprachausgabe. Was habe ich davon, kann man sich fragen? Mit der fortschreitenden Nutzung von „Plastikgeld“ zur Bezahlung wird der Kunde – wie heute schon in den USA üblich – nicht mehr in den Tankstellensupermarkt gehen müssen. Damit kommt er leider nicht mehr dahin, wo der Pächter sein Geld verdient. Also muss man ihn ködern. Und genau das soll die multimediale Tanksäule leisten. „Hallo Herr Müller, schön dass Sie mal wieder bei uns tanken. Wir haben heute Bitburger für 12,99 und Holzkohle für 4,99 im Angebot. Kommen Sie doch in unseren Markt und überzeugen Sie sich, was wir Ihnen alles anbieten“, werden wir vielleicht bald hören. In vielen Städten sind solche sprechenden Tanksäulen bereits installiert.

Mit mehr Mobilität wird es vielleicht auch einen deutlich stärkeren Trend hin zum Freizeitbereich geben, wofür man wiederum neue Produkte erfinden kann. Da wird vielleicht der Walkman wieder zu neuer Blüte kommen, indem ich mit diesem Gerät Musik hören, Wegempfehlungen für meine Walking-Tour mit unterschiedlichen Leistungsanforderungen bekommen, Anrufe entgegennehmen, und vor allem natürlich meinen Körper überwachen kann. Wie viele Kalorien habe ich verbraucht, wie hat sich meine Kondition entwickelt, habe ich mein Herz überlastet? Und all diese Daten kann ich mit einem Knopfdruck meinem Arzt zu einem „Remote-Check-up“ überspielen.

Aber es werden sich auch völlig neue Vermarktungskonzepte ergeben. Vielleicht bekommen Sie einen intelligenten High-

Tech-Kühlschrank mit Inhaltsüberwachung und automatischer Nachbestellung zukünftig kostenlos, müssen dafür allerdings in Kauf nehmen, dass die darin integrierte Agentensoftware nur Produkte bestimmter Marken nachbestellt. Eine Horrorvorstellung für die einen, das ersehnte Rundum-Sorglos-Paket für die anderen.

Beinahe hätte ich den Fortgang der kleinen Science Fiction Geschichte unterschlagen:

Sie sind schon fast eingeschlafen, als Ihr Magen Sie an die Pizza erinnert. Hatte Luigi nicht gesagt „In swanzisch Minute sein Pizza da, versproche!" Also fragen Sie Lucy, wo die Pizza bleibt. Doch Lucy meldet sich nicht, Sie steht wie versteinert auf dem Bildschirm und sagt noch nicht einmal Piep. „So ein Mist, schon wieder ein Systemabsturz und das gerade, wo ich einen solchen Hunger habe", denken Sie. Also ab in den Technikraum, der ganz früher einmal Ihr Gästezimmer war, an mehreren Rechnern Ctrl-Alt-Del drücken, an mehreren Kabeln wackeln, das Ganze wieder neu booten und nach einer halben Stunde erscheint Ihre geliebte Lucy wieder auf dem Bildschirm. Nur sagt Sie leider nichts mehr. „Speech-Engine Fatal Error" lesen Sie da nur. Tja, was nun? Sie können sie auch nicht beauftragen, einen Servicetechniker zu rufen und an das virtuelle Telefonbuch kommen Sie auch nicht mehr heran. Also werden Sie wohl selbst zur Servicestelle fahren müssen, um Hilfe zu ordern. Kaum sind Sie aus der Tür, da stolpern Sie über 20 Pizza-Kartons, darauf klebt ein Zettel „hab viel in Tür-Monitor gesproche, aber nix Antwort, hier deine swanzisch Pizza wie bestellt, Ciao – carlo@luigi-pizza.it". Zwanzig kalte Pizza Thunfisch, wie ekelig!

Wird die Welt der „intelligenten" Geräte in einem Technologiedesaster enden? Werden wir an einer nicht mehr beherrschbaren Technik ersticken? Wahrscheinlich nicht, denn auch der

Kunde lernt dazu und fragt sich mehr und mehr, ob er eine Technologie wirklich braucht oder nicht. So kann man nur hoffen, dass die Hersteller daraus lernen und Technik für den Menschen entwickeln. Technik, die unauffällig funktioniert und den Menschen wirklich unterstützt. Sicher werden auch in Zukunft technische Systeme versagen, aber wir müssen dafür Sorge tragen, dass die Auswirkungen eines Versagens klein und handhabbar bleiben.

Vielleicht nimmt die Geschichte mit Lucy auch ein ganz anderes Ende:

Sie sind schon fast eingeschlafen, als Lucy Sie weckt und an die soeben eingetroffene Pizza erinnert. „Halt die Klappe, du Softtussi!", erwidern Sie unwirsch, was Lucy nun überhaupt nicht mag. „Schlechte Laune? Du weißt genau, dass ich solche Sprüche nicht mag. Du hast mich zwar gekauft, aber das heißt nicht, dass ich mir alles gefallen lassen muss", antwortet sie. „Stell dich nicht so an, Lucy und vergiss einfach, was ich gerade gesagt habe." Aber Lucy schmollt noch immer und erste Tränen laufen über ihr virtuelles Antlitz. „Ich bestelle dir täglich alles, was du brauchst, erinnere dich an deine Termine und bin immer für dich da. Und was ist der Dank dafür? Softtussi wird man beschimpft, Softtussi … Mir reicht es, sieh zu, wie du allein zurechtkommst", sagt sie und verschwindet. Am Anfang denken Sie noch: „Weiber!", doch als am nächsten Morgen der Kaffee nicht fertig ist und keine Brötchen in der Lieferbox liegen, werden Sie nachdenklich. „So empfindlich war sie noch nie, vielleicht sollte ich sie doch besser behandeln", überlegen Sie. Vielleicht sollten Sie und Lucy eine Therapie machen. Oder vielleicht leidet Lucy an Einsamkeit und Sie sollten ihr einen feschen Kollegen downloaden. Gab es da nicht gerade ein Sonderangebot im SkyMarkt: südländischer Typ, spielt ausgezeichnet Gitarre und singt dazu: 3,4GB für nur 49,89 EUR? Sicher ist nur eines: Sie haben Probleme über Probleme, die Sie früher nicht hatten.

Just do it …
Useware-Engineering oder wie man Probleme lösen kann

Es war einmal ein Sägemaschinenhersteller, dessen Chef am Wochenende einige Bretter für seine Kellerbar sägen wollte. Also fuhr er mit den Hölzern in die Firma und warf die neueste vollautomatische Sägemaschine an. Er arbeitete sich durch die Bildschirmmenüs, tätigte Einstellungen und drückte diverse Knöpfe. Als er nach zwei Stunden noch kein einziges Brett gesägt hatte, war seine Geduld am Ende. Am Montag rief er seine Entwickler zusammen und fragte sie: „Wie sollen unsere Kunden mit dieser Maschine zurechtkommen, wenn ich es noch nicht einmal schaffe, auch nur ein Brett damit zu sägen?“ Als er keine befriedigende Antwort erhielt, erklärte er die einfache Bedienbarkeit zur höchsten Priorität und beauftragte seine Mitarbeiter, alles zu tun, um dieses Ziel zu erreichen. Die nahmen den Auftrag ernst, besuchten Weiterbildungsseminare, lasen Bücher zur nutzergerechten Technikgestaltung und holten fachkundige Berater hinzu. Man beobachtete die Nutzer bei ihrer Arbeit, lernte ihre Vorgehensweisen kennen und erfuhr plötzlich viel mehr darüber, wie ein Durchschnittsnutzer denkt. Und so entstand eine neue Maschinengeneration, die inzwischen in der Branche für ihre gute Bedienbarkeit be-

Useware-Engineering oder wie man Probleme lösen kann

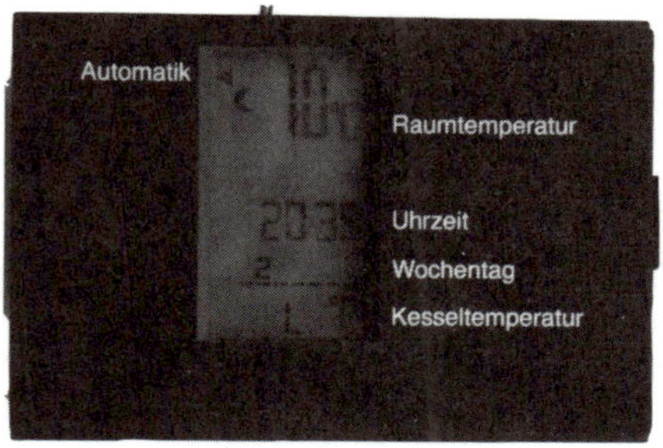

ABB. 19 Die übersichtliche Statusanzeige auf einen Blick stellt die erste Oberfläche der Heizungssteuerung dar.

kannt ist. Ein Märchen? Nein, eine wahre Geschichte, die zeigt, dass man sehr wohl nutzergerechte Geräte entwickeln kann.

Für schlecht gemachte Geräte gibt es eigentlich schon heute keine Entschuldigung mehr. In den letzten Jahren wurden eine Reihe von Erkenntnissen gesammelt und auch veröffentlicht, die Entwickler für eine nutzergerechte Gestaltung verwenden können. Hierzu zählen ISO-Normen oder VDI-Richtlinien, aber auch umfangreiche Literatur, in der man beispielsweise Regeln zur Farbverwendung, zur Gestaltung von Bildschirmen und Bildzeichen oder für die klare Informationsstrukturierung findet. Diese eher unmittelbar mit Hard- oder Softwaregestaltung in Zusammenhang stehenden Aspekte könnte man unter dem Stichwort Hard- bzw. Software-Ergonomie zusammenfassen. Ein positives Beispiel dafür ist meine Heizungssteuerung. Sie ist mikroprozessorgesteuert und hat einen recht hohen Funktionsumfang.

Im Normalbetrieb sieht der Nutzer davon allerdings nichts. Da gibt es keinen Knopf zur Bedienung, sondern lediglich ein gut strukturiertes Display mit klaren Erläuterungen (Abb. 19). Irgendwann ergibt sich die Notwendigkeit, etwas neu zu regeln: Sei es eine anstehende Party, die bis in die Nacht mit aus-

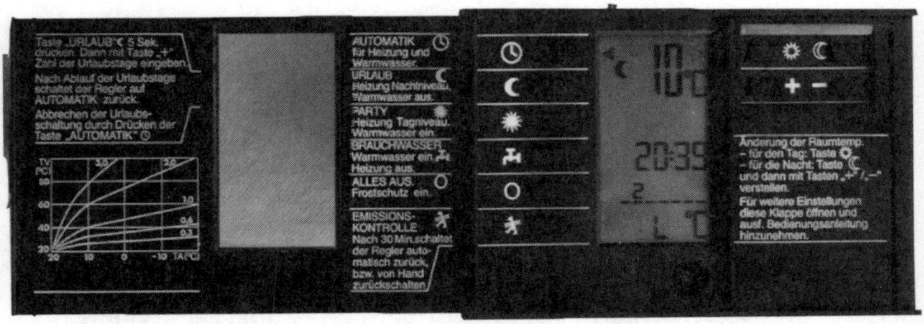

ABB. 20 Will der Nutzer Einstellungen verändern, klappt er das Gerät einfach auf und hat jetzt mehr Eingriffsmöglichkeiten.

reichender Wärme versorgt werden will oder der Urlaub, in dem nicht geheizt werden soll. In dem Fall öffne ich die Abdeckklappe und finde mich auf einer zweiten Bedienebene wieder (Abb. 20). Hier kann ich übersichtlich angeordnet alle üblichen Einstellungen vornehmen. Damit ist der Betrieb für den Ottonormalverbraucher regelbar.

Nichtsdestotrotz gibt es Funktionen, die z. B. bei der Inbetriebnahme benötigt werden oder sehr selten gebraucht werden wie die Änderung der Heizkurve oder der Uhrzeit. Eine zweite Klappe hält dafür die dritte Bedienebene bereit. Auch hier finden sich auf der Innenseite der Klappe Erläuterungen zu den Einstellfunktionen, sodass man das System nach kurzer Lektüre ohne Bedienungsanleitung nutzen kann.

Es gibt auch noch eine vierte Bedienebene, die allerdings dem Normalkunden verborgen bleibt. Hier muss man schon dem freundlichen Heizungsmonteur aufmerksam über die Schulter schauen, um den geheimen Zugangscode zu erspähen, mit dem man in die Serviceebene kommt, auf der die schöne Gestaltung schlagartig aufhört. Offenbar erwartet man hier den gut geschulten Heizungsbauer, der mit kryptischen Codes und wenig aussagekräftigen Anzeigen zurechtkommen kann.

Die Klappenlösung hat Vor- und Nachteile. Zum einen leitet sie den Nutzer taktil und visuell und trägt so dazu bei, sein mentales Modell zu strukturieren. Zum anderen sind mechanische Klappen in der Herstellung aufwändiger und neigen bei häufiger Nutzung zum Abbrechen. Aber bei Geräten, an denen man höchst selten etwas verstellt, ist dies eine hervorragende Lösung.

Was lernen wir aus diesem Beispiel? Zunächst erkennt man, dass die Entwickler begriffen haben, dass es unterschiedliche Kategorien von Nutzern des Produkts gibt:

- den *Einfachnutzer*, der nur das Allernotwendigste selbst einstellen möchte,
- den *erfahrenen Nutzer*, der sich auch an die etwas komplizierteren Einstellungen heranwagt und
- den *Heizungsmonteur*, der viele Servicefunktionen für Fehlersuche und Inbetriebnahme braucht.

Und für alle Nutzergruppen stellt man durch die Klappenlösung elegant nur das zur Verfügung, was gerade benötigt wird. Darüber hinaus werden die Innenseiten der Klappen genutzt, um den Nutzern Bedienhinweise zu geben. Die Klappen trennen aber nicht nur die Nutzergruppen, sondern helfen auch bei der Aufgabenstrukturierung, indem sie immer nur das freigeben, was für die jeweiligen Aufgaben auf einer Bedienebene an Schaltern wirklich benötigt wird.

So positiv dieses Beispiel auch ist, Nutzergruppierung und Aufgabenstrukturierung zusammen mit einigen guten Hardwarelösungen allein werden für die kommenden technischen Herausforderungen nicht mehr ausreichen. Wie wir im vorausgegangenen Kapitel gesehen haben, kommen Entwicklungen mit großen Schritten auf uns zu, bei denen die Ebene gut gemachter Schalter oder Displays nicht mehr ausreicht, um nutzergerechte Systeme zu erzeugen. Hier sind grundlegendere Veränderungen erforderlich, die weit in den gesamten Entwicklungsprozess hineinreichen. Auch hier hilft uns ein Blick in die Vergangenheit.

In den 50er-, 60er- und 70er-Jahren wurden große technische Fortschritte vor allem in der methodischen Konstruktion der damals vorwiegend mechanischen oder elektromechanischen Produkte gemacht. Diese Zeit könnte man auch als die Zeit des *Hardware-Engineering* bezeichnen. Funktionalität wurde mechanisch oder durch fest verdrahtete Elektrik erzeugt. Mit der Erfindung des Mikroprozessors 1971 änderte sich das grundlegend. Plötzlich war die Mikroelektronik als Problemlöser erkannt. Und mit dem Mikroprozessor kam die Software, die nun nicht mehr einige wenige Programmierspezialisten nutzten, sondern mehr und mehr die breite Masse der Entwicklungsingenieure. Hatte man in den späten 70er- und frühen 80er-Jahren ein Problem zu lösen, strukturierte man es grob auf einem Blatt Papier und fing dann an zu programmieren. Das machte man in BASIC oder FORTRAN, Computersprachen, die einfach zu erlernen waren. Man realisierte Funktion nach Funktion, bis man schließlich fertig war und den Kunden mit seiner Problemlösung beglücken konnte. Doch dann kam das ganz normale Desaster. Das System „stürzte“ beim ersten Einsatz in aller Regelmäßigkeit nach wenigen Minuten ab und man suchte nun Fehler nach Fehler. Das konnte Wochen dauern und weil man nicht ewig Zeit hatte, wurden die Fehler nicht sauber behoben, sondern „quick-and-dirty“ durch undurchsichtige Programmiertricks oder wilde Hin- und Hersprünge im Programm ausgebügelt.

In den 80er-Jahren wurden derartige Missstände angeprangert und es machte sich das Schlagwort von der Softwarekrise breit. Mit zunehmender Bedeutung und immer größerem Umfang der Software erkannte man, dass Software kein individuelles Kunstwerk ist, sondern ein wichtiger Baustein des Engineering-Prozesses. Und so etablierte sich daraus eine neue Disziplin: das *Software-Engineering*. Endlich beschäftigte man sich mit der zugehörigen Entwicklungsmethodik und entwickelte wissenschaftlich fundierte Methoden, die vergleichbar zur Konstruktionssystematik im Hardwarebereich einen ingenieurmäßigen Entwicklungsprozess der Software zur Folge hatten. Seien es die ersten Ansätze zu den so genannten strukturierten Programmiersprachen wie PASCAL, die den Programmierer fortan gezwungen haben, einen sauberen Programmierstil einzuhalten, oder die formalen Spezifikations- und Modellierungsmethoden wie etwa UML, die heutzutage die Basis einer jeden guten Softwareentwicklung sind. In den vergangenen Jahrzehnten ist das Software-Engineering erwachsen geworden und kann als zuverlässige und breit akzeptierte Basis für eine qualitativ hochwertige Systementwicklung herangezogen werden.

Vergleichen wir diese Entwicklung mit der heutigen Situation in der Gestaltung von Bediensystemen, kann man deutliche Parallelen erkennen. Während die Software methodisch sauber geplant, strukturiert und programmiert wird, werden die Bediensysteme meistens genauso stümperhaft angegangen wie in den 70er-Jahren die Software. Es gibt keine nachvollziehbare Strukturierung, keine bewährte Entwicklungsmethodik und keine Qualitätssicherungsverfahren. Wie früher BASIC-Programme programmiert wurden, platzieren Ingenieure die „Buttons, Windows und Slider“ nach eigenem Gusto auf dem Bildschirm, ohne sich um den späteren Nutzer dieser Schnittstelle zu kümmern. Dabei werden sie unterstützt von vielen Entwicklungswerkzeugen, die ihnen jegliche Gestaltungsfreiheit lassen. Ich möchte hier keinesfalls den Entwicklern den schwarzen Peter zuschieben. Sie sind – wie ich in vielen Gesprächen immer wieder feststelle – durchaus bereit, bessere Lösungen zu erarbeiten, aber sie haben es nie gelernt. Und eine dazu notwendige Entwicklungsmethodik ist erst seit wenigen Jahren in der Entstehung. Man könnte die Situation analog zur Softwarekrise in den 80er-Jahren als Bedienkrise bezeichnen. Und genauso, wie das Software-Engineering den Weg aus der Softwarekrise gewiesen hat, so müssen wir eine entsprechende Disziplin etablieren, die Wege aus der Bedienkrise aufzeigt. Diese Disziplin nenne ich in sprachlicher Analogie zum Hard- und Software-Engineering das *Useware-Engineering*. Unter Useware-Engineering verstehe ich die Entwicklung und Anwendung wissenschaftlich fundierter Methoden zur Planung, Gestaltung, Realisierung und Evaluierung von nutzergerechten Mensch-Maschine-Systemen.[1]

Im Mittelpunkt eines jeden Useware-Entwicklungsprozesses muss der spätere Nutzer stehen. Man muss seine Aufgaben, Lösungswege und Randbedingungen kennen, damit man nutzergerechte Systeme entwickeln kann. In einer Analysephase werden seine Tätigkeiten und Herangehensweisen detailliert analysiert. Diese Tätigkeiten werden dann der Funktionalität des technischen Systems gegenübergestellt.

Diese Vorgehensweise kann man vielleicht mit dem Angebot-und-Nachfrage-Prinzip vergleichen: Ich stelle das Angebot an technischer Funktionalität eines Gerätes der Nachfrage seines Nutzers gegenüber. Zusätzlich benötigt man dann noch Informationen über die Randbedingungen der Nutzung wie Lärmpegel am Arbeitsplatz, Arbeitshaltungen, Beleuchtungsverhältnisse oder Zeitbedingungen.

Die einzelnen Entwicklungsschritte lassen sich dabei nicht eindeutig voneinander abgrenzen. Vielmehr sind sie durch einen fließenden Übergang gekennzeichnet. So entsteht aus den Analyseergebnissen schließlich eine erste Struktur des zukünftigen Bediensystems. Aus dieser Struktur lassen sich z. B. die generellen Informationsstrukturen, aber auch Menüstrukturen ableiten. Die Strukturgestaltung geht wiederum nahtlos in die Phase der Grobgestaltung über. Hier werden erstmals Verknüpfungen zur Hardware des Gerätes hergestellt. Abhängig von den zur Verfügung stehenden technischen Möglichkeiten wie Bildschirm, Tastatur oder Maus wird eine erste grobe Aufteilung des Informationsbereiches auf dem Bildschirm vorgenommen und Interaktionstechniken werden spezifiziert. In der wiederum nahtlos folgenden Detailgestaltungsphase werden dann die Gestaltungsdetails wie Farben, Interaktionselemente, Icons etc. festgelegt.

Nach dem klassischen Verständnis sollte in einem abschließenden Evaluationsschritt überprüft werden, ob die entwickelten Lösungen vom Nutzer auch wirklich gut bedienbar sind. Diese „TÜV-Plaketten-Strategie“, Qualität am Ende abzuprüfen, ist allerdings nicht mehr zeitgemäß. Qualität lässt sich nicht abschließend „hineinprüfen“, sie muss stattdessen entwicklungsbegleitend entstehen. Deswegen setzt die Evaluation in einer modernen Entwicklungsmethodik sehr früh ein. So können etwa in der Analysephase schon erste Skizzen eines Layouts oder einer Struktur genutzt werden, um mit dem Nutzer im Sinne eines Feedbacks Vor- und Nachteile zu diskutieren. In den weiteren Phasen sollten dann EDV-gestützte Methoden wie eine UML-Modellierung genutzt werden, um frühzeitig abstrahierte Prototypen zu erzeugen. Diese Prototypen lassen sich im weiteren Entwicklungsverlauf wiederum in ausführbare XML-Beschreibungen erweitern, die die Basis für Entwicklungsprototypen mit einer bereits weit reichenden Funktionalität sein können.

In der prozessbegleitenden Evaluation wird man aus Aufwandsgründen mit einer sehr niedrigen Zahl von späteren Nutzern zusammenarbeiten müssen. Insofern behält eine abschließende Evaluation des fertigen Produkts bzw. der so genannten Nullserie mit mehreren Nutzern durchaus ihre Bedeutung. In der Praxis zeigt sich allerdings, dass dieser letzte Schritt von den Unternehmen gern weggelassen wird, denn er verursacht Kosten, hält möglicherweise die Serienfreigabe zu lange auf und würde Erkenntnisse bringen, die zu dem Zeitpunkt ohnehin nicht mehr in eine Produktänderung einfließen könnten.

Langfristig ist es unabdingbar, den Entwicklern Werkzeuge zur Verfügung zu stellen, die den gesamten Entwicklungsprozess von der Analyse bis zur fertigen Bediensystemsoftware abdecken. Damit hätten wir dann eine vergleichbare Situation zum heutigen Software-Engineering geschaffen, in dem die Programmierer auch immer weniger Programmcodes schreiben, sondern stattdessen abstrakte System- und Informationsmodelle erstellen. Aus ihnen können Programmgeneratoren den Programmcode weitgehend automatisch erzeugen.

Die Unterstützung durch entsprechende Werkzeuge wird umso wichtiger, je komplexer die Bediensysteme werden. Das User-Interface einer Schaltuhr lässt sich sicher noch mit den heutigen Tools wie etwa Visual-BASIC und dem entsprechenden Wissen zur nutzergerechten Gestaltung zufrieden stellend entwickeln. Je mehr wir aber in eine neue Welt der multifunktionalen Systeme und ihrer Anwendungen in Smart Homes etc. kommen, desto unabdinglicher werden solche Entwicklungswerkzeuge. Diese neue Ambient-Intelligence-Welt zeichnet sich durch einen hohen Grad an Redundanz von Informationen und Unvorhersehbarkeit ihres Auftretens aus. Der Nutzer kann zunächst mit dem Gerät sprechen, dann bestimmte Funktionen über Gestiksprache wie z. B. Handzeichen anwählen und schließlich den Erfolg seiner Handlungen auf einem Großbildschirm ansehen wollen. Doch die Abfolge der Interaktionen wird sich jedes Mal verändern. Damit bekommen zukünftige Bediensysteme eine Komplexität, die mit den heutigen Entwicklungsmethoden sowie den dazugehörigen Tools nicht mehr handhabbar sein wird.

Eine weitere Problematik muss an dieser Stelle angesprochen werden. Im Hardware- und auch Software-Engineering hatten wir es vorwiegend mit Ingenieuren – und hier schließe ich bewusst die ingenieurmäßig arbeitenden Informatiker mit ein – zu tun. Ingenieure sind es gewohnt, Werkzeuge zu nutzen und damit Verfahren zu vereinfachen. Im Useware-Engineering kommen weitere Gruppen hinzu: etwa die Arbeits- und Kognitionspsychologen. Nutzeruntersuchungen sind letztlich Untersuchungen am Menschen. Dafür braucht man ein entsprechendes Methodenwissen, wie man die benötigten Informationen gewinnen und anschließend interpretieren kann. Dies haben die Ingenieure nicht gelernt, sodass Befragungen, die ausschließlich von Ingenieuren durchgeführt wurden, häufig zu keinem oder den falschen Ergebnissen führen. Wir wurden einmal zu einem Projekt beratend hinzugezogen, in dem ein neues Produkt bei den Kunden sehr schlecht ankam. Die Firma berichtete gleich im ersten Gespräch, dass sie eine intensive Nutzerbefragung durchgeführt hätte. Bei näherer Analyse stellte sich heraus, dass man zwei Entwickler zu einigen Kunden geschickt hatte, um sie zu befragen. Dabei legten die Entwickler den Kunden Skizzen von den neuen Bildschirmmasken vor und fragten sie, ob „das denn so ganz gut sei". Natürlich bejahten die Kunden diese Frage und hatten ihre Ruhe. Und die Entwickler die Bestätigung, dass sie offenbar eine gute Arbeit gemacht hatten.

Wenn man sich mit der Materie beschäftigt, verwundert dieses Ergebnis überhaupt nicht. Nutzer sind in der Regel wenig motiviert, ihre kostbare Zeit dafür zu opfern, „dumme" Fragen zu beantworten. Man muss sie zunächst über den Sinn und Zweck der Befragung aufklären und sie motivieren, um schließlich mit einer geschickten Versuchsmethodik die Daten abzufragen, die man für die Analyse benötigt.

Umgekehrt stellt man immer wieder fest, dass auch Projekte, die nur von Psychologen durchgeführt wurden, häufig scheitern. Psychologen fehlt nicht nur das notwendige Anwendungswissen, um die Ergebnisse für den Entwicklungsprozess aufzubereiten, sondern häufig auch die richtige Sprache, um sich mit den Entwicklern, also meistens Ingenieuren, unterhalten zu können. Das Optimum ergibt sich erst dann, wenn Psychologen und Ingenieure in einem Team zusammenarbeiten.

Neben den beschriebenen Problemen gibt es noch eine Reihe weiterer Gründe, die einer Verbesserung des Useware-Entwicklungsprozesses entgegenstehen. Zum einen setzt dieser Prozess die frühzeitige Beteiligung des späteren Nutzers voraus. Vielfach scheuen sich Firmen aber, den Nutzer anzusprechen, weil sie einerseits glauben, damit Inkompetenz einzugestehen, und andererseits Probleme mit der Geheimhaltung neuer Produkte sehen. Beides halte ich für unsinnig. Erfahrungen belegen, dass der Nutzer seine Einbindung eher positiv sieht. Das Unternehmen ist gut beraten, die Nutzerorientierung als Marketingargument zu nutzen. Und bei einer guten Auswahl der Nutzer gibt es auch keine grundlegenden Probleme mit der Geheimhaltung.

Ein anderer Grund für eine Ablehnung dieses Entwicklungsprozesses liegt häufig in den Kosten. Zum einen sind es die nicht unerheblichen Kosten, die eine gute Nutzeranalyse nun einmal verursacht. Da müssen Untersuchungsteams zu den Kunden reisen, um sie an ihrem Arbeitsplatz beobachten und befragen zu können. Und wenn die typischen Kunden in Portugal, USA oder China sitzen, steigt der Aufwand nochmals deutlich an. Am Ende der Nutzeranalyse steht aber noch kein Produkt und erst recht keine unmittelbar in den Realisierungsprozess einfließenden Gestaltungsregeln. Hier muss sich erst noch die Erkenntnis durchsetzen, dass eine sauber durchgeführte Analyse- und Strukturierungsphase in der Regel zu einer deutlichen Reduzierung des Entwicklungsaufwands führt. Und die Steigerung der Kundenzufriedenheit mit einem neuen Produkt wird, da sie schwer quantifizierbar ist, häufig auch nicht gesehen. Hier hilft vielleicht ein Vergleich zur Software-Entwicklung. Als ich in den 80er-Jahren in BASIC programmierte, hatte ich sehr schnell Ergebnisse vorzuzeigen. Mein Chef konnte jeden Tag prüfen, welche neue Funktionalität hinzugekommen war. Dafür musste er dann die anschließenden Kundenbeschwerden ertragen, wenn das Debuggen, also das Beseitigen von Fehlern, zu lange dauerte. In der heutigen Softwareentwicklung wird hingegen sehr lange abstrakt modelliert und strukturiert. Fortschritte lassen sich dabei für den ungeübten Beobachter kaum erkennen. Sie kommen erst ganz am Ende, wenn aus der abstrakten Modellierung plötzlich ein funktionierendes und weitgehend fehlerfreies System entsteht.

Ein anderer Aspekt der Kostenfrage ist die Zuordnung der Kosten. Ein Geschäftsführer eines Unternehmens, dem wir ein Angebot zur nutzergerechten Gestaltung abgegeben hatten, fragte mich einmal: „Worauf soll ich das denn nun buchen? Soll ich das auf das Hardware- oder auf das Software-Entwicklungsbudget buchen? Wozu gehören Sie eigentlich?“ Meine Argumente „weder noch“ und „interdisziplinäre Arbeit“ nutzten wenig. Wir passten in keine „Schublade“ und flogen somit heraus. Die folgenden (und fruchtlosen) Diskussionen führten mich schließlich zu der Idee, wenn wir in keine Schublade passen, dann braucht es eine neue: Useware. In dieser Schublade sind alle Hard- und Softwarearbeiten sowie natürlich alle Gestaltungsarbeiten angesiedelt, die mit der Bediensystemgestaltung in Zusammenhang stehen.

Von Kritikern wird mir gern entgegengehalten, dass es doch schon seit vielen Jahren den Begriff Usability und auch ein Usability-Engineering gibt. Das stimmt, doch verbinde ich, wie auch viele andere, mit diesen Begriffen eine andere Vorgehensweise. In einem typischen Usability-Labor, wie es viele große Firmen mittlerweile betreiben, werden nahezu fertige Produkte auf ihre Gebrauchstauglichkeit überprüft. Somit steht hier eher der „Usability-TÜV"-Gedanke im Vordergrund und nicht ein auf Usability ausgerichteter Entwicklungsprozess.

In den letzten Jahren ist eine deutliche Zunahme des Interesses von Unternehmen zu erkennen, einen nutzerzentrierten Entwicklungsprozess einzuführen. Offenbar zeigt die Bedienkrise hier erste Wirkungen. Das Software-Engineering hat circa 20 Jahre benötigt, um erwachsen zu werden. Für das Useware-Engineering dürfte ein solcher Zeitraum wohl kaum zur Verfügung stehen. In allen Technikbereichen hat die Fortschrittsgeschwindigkeit der Innovationen bzw. dessen, was man als solche verkauft, enorm zugenommen. Insofern werden wir große Anstrengungen unternehmen müssen, der aufkommenden Bedienkrise möglichst bald eine neue Entwicklungsmethodik und neue Entwicklungsprozesse entgegenstellen zu können. Doch wie sagte bereits Aristoteles: „Der Anfang ist schon die Hälfte des Ganzen."

Es steht für mich außer Frage, dass sich die Technik mit großen Schritten weiterentwickeln wird. Und dies wird weiterhin auch nach dem Marketingprinzip geschehen, dem Menschen Bedürfnisse einzureden, die er eigentlich nicht hat. Wie im Kapitel „Ein dummer Kunde ist ein besserer Kunde" gezeigt, fährt die Industrie besser damit, sich an den Zielgruppen der *innovators* bzw. *early majority* zu orientieren. Hier ist erstens noch die meiste Kaufkraft vorhanden und zusätzlich die Grundbereitschaft, neue Technik als Fortschritt zu sehen. Die Industrie lebt von der ständigen Fortentwicklung ihrer Produkte und nicht von der Konservierung bestehender Systeme. Die Firma VW musste dies beispielsweise in den 70er-Jahren schmerzlich erkennen. Einem Käfer von Modelljahr zu Modelljahr neue Blinker und neue Radkappen zu spendieren, reicht schlicht nicht, um Produkte erfolgreich am Markt zu verkaufen. Erst der Sprung vom Käfer zum Golf rettete damals VW. Daran änderte auch die heute noch dem Käfer nachtrauernde Käufergruppe nichts.

Auf der anderen Seite lässt sich „Fortschritt" nicht mehr so einfach den Kunden verkaufen, wie das vielleicht noch in den 90er-Jahren möglich war. Die wirtschaftliche Lage wird für alle – Hersteller wie Kunden – schwieriger. Die traditionellen Marketingstrategien funktionieren immer schlechter. Als Ausweg versuchen einige Unternehmen, die Innovations- bzw. Pseudoinnovationsgeschwindigkeit deutlich zu steigern. Immer mehr neue Produkte werden dem Kunden in immer kürzeren Zeiträumen präsentiert in der Hoffnung, der Kunde werde darin einen Fortschritt sehen und seine Altgeräte erneuern. Eine sinkende Produktqualität verbunden mit einem kaum noch vorhandenen bzw. bezahlbaren Reparaturservice unterstützt diese Vorgehensweise.

Man versucht mittlerweile auch durch eine aggressive Werbung einen Hype zu erzeugen, der dem Kunden suggerieren soll, dass er sofort auf den Zug aufspringen muss, wenn er nicht zu den bedauernswerten ewig Gestrigen gehören will. Diese Taktik funktioniert bei den *innovators* und allenfalls noch bei den *early adopters*. Sie lieben den Hype und scheren sich wenig um die Ernüchterung, die leider den meisten Hypes folgt. Doch die restlichen 84 Prozent der Kunden suchen die reife Technologie, die sie einfach und sicher nutzen können.

Für diese große Gruppe muss der Strom einfach und zuverlässig aus der Steckdose kommen. Wenn ich ihr Fortschritt verkaufen will, so darf dieser Fortschritt nicht zu Lasten der einfachen Nutzbarkeit gehen. Diese Gruppe will Problemlösungen kaufen und keine Technologien. Auch diese Gruppe kann nichtsdestotrotz Spaß an der Nutzung fortschrittlicher Technologien haben. Insofern kann man die überspitzte Frage „zurück in die Steinzeit oder vorwärts in die Zukunft?“ ganz klar mit der letzteren Variante beantworten.

„Joy of use“ beim Umgang mit der Technik heißt das Zauberwort. Und – wie ausgeführt – wird sich der Spaß nicht einstellen, wenn er nicht durch eine einfache Benutzbarkeit – „ease of use“ – begleitet wird. Da „joy“ etwas mit Emotionen zu tun hat, ist völlig klar, dass wir mehr über die Hintergründe und Bedeutung der Emotionen im Kontext menschlicher Handlungen wissen müssen.

Mit der steigenden Bedeutung der emotionalen Komponente eng verknüpft ist der Trend zu mehr Individualität. Wenn die Industrie diesem Trend folgen will, muss sie vermehrt individualisierte Produkte anbieten. Dies wird an der Schnittstelle zum Kunden – dem Bediensystem – beginnen müssen. Damit müssen wir den einzelnen Kunden mit seinen Wünschen und Fähigkeiten immer mehr zum Maß der Dinge machen. Entwicklungen ohne ihn werden mehr und mehr zum Scheitern verurteilt sein.

Der Mensch wird in den nächsten Jahren mit sehr vielen neuen technischen Möglichkeiten konfrontiert werden. Geräte werden immer kleiner und damit mobiler, sie werden sich untereinander unbemerkt vernetzen und Informationen über ihren Nutzer mit seinen Vorlieben und Eigenarten sammeln. Man kann sicher nicht abstreiten, dass damit viele positive Effekte verbunden sein werden. Man sollte aber auch nicht die Augen vor den Problemen verschließen. Wir bewegen uns mit großen Schritten in eine Welt, die der Orwell'schen Vision des „Big Brother“ sehr nahe kommt.

Bleibt zu hoffen, dass sich Hersteller wie Kunden aktiv an der Gestaltung einer menschengerechten Technik beteiligen. Dazu brauchen wir

- Ingenieure und Informatiker, die das methodische Vorgehen erlernt haben, eine Technik nutzergerecht zu entwickeln,
- verantwortungsbewusste Unternehmensführer, die die Notwendigkeit und damit auch die Kosten einer nutzergerechten Technikgestaltung einsehen,

- Marketingfachleute, die „ease of use“ als Marketingargument erkennen,
- eine Rechtsprechung, die z. B. die schlechte Benutzbarkeit genauso als Produktmangel akzeptiert wie einen flimmernden Bildschirm,
- Handwerker, die komplexe computerbasierte Systeme planen, installieren und auch warten können,
- und letztlich mündige Kunden, die Geräte nur kaufen, wenn sie benutzbar sind.

Wir brauchen die menschengerechte Technik, denn den technikgerechten Menschen wird es nicht geben!

Glossar

AGP Abkürzung für „Accelerated Graphics Port". Der AGP ist ein spezielles Interface für die Kopplung von Prozessor, Hauptspeicher und der Grafikkarte.

Ambient Intelligence eine ‚intelligente Umgebung', die sensitiv und adaptiv auf die Anwesenheit von Menschen und Objekten reagiert und dabei dem Menschen vielfältige Dienste leistet. Computer sind darin unsichtbar eingebettet.

Baudrate Maß für die Geschwindigkeit einer Datenübertragung

Bluetooth ist ein Funkübertragungsstandard zur kabellosen Kommunikation zwischen mobilen Endgeräten.

Bussystem ist ein Datenleitungssystem, z. B. EIT, InstaBus

CAD steht für Computer-Aided Design, computergestütztes Gestalten. In einer CAD-Anwendung und -Konfiguration ersetzt der Bildschirm das Zeichenbrett.

CP/M war das erste kommerzielle Mikroprozessor Betriebssystem der EDV-Geschichte. (Control Programm for Microcomputer)

DHCP-Problem Dynamic Host Configuration Protocol. Bei DHCP bezieht ein Arbeitsrechner seine Konfiguration des IP-Netzwerks von einem Server.

Druckertreiber Teil des Betriebssystems, das ein angeschlossenes Gerät (hier: den Drucker) steuert.

Firewall schützt den Computer vor Hackerangriffen aus dem Internet.

Firewire ist eine schnelle serielle Schnittstelle zum Datenaustausch zwischen Multimedia- und anderen Peripheriegeräten.

Fly-by-wire zu Deutsch: Fliegen per Draht; gemeint ist eine Steuerungstechnik für Luftfahrzeuge. Im Unterschied zur "klassischen" Steuerung, bei der die Steuerbewegungen des Piloten durch Stahlseile, Schubstangen oder Hydrauliksysteme an die Steuerflächen oder Rotoren übertragen werden, geschieht die Übertragung bei Fly-by-Wire Systemen durch elektrische Signale.

Fuzzy-Logik ist eine Verallgemeinerung der zweiwertigen (booleschen) Logik. Sie lässt auch Wahrheitswerte *zwischen* wahr und falsch zu, sodass damit auch unscharfe Mengenabgrenzungen mathematisch behandelt werden können. (Englisch: fuzzy = ungenau, verschwommen, unscharf)

GPS satellitengestütztes Navigationssystem (Global Positioning System)

GHz Gigahertz; Einheit für die Frequenz; bedeutet eine Milliarde Schwingungen/Vorgänge pro Sekunde

GSM Digitales Mobilfunknetz der so genannten zweiten Generation (Global System for Mobile Communications)

HTML ist die Seitenbeschreibungssprache jeder Internet-Webseite. (HyperText Markup Language)

IEC ist eine internationale Standardisierungsvereinigung, vor allem auf dem Gebiet der Elektronik tätig. (International Electrotechnical Commission)

IEEE ist ein weltweiter Berufsverband von Ingenieuren aus den Bereichen Elektrotechnik und Informatik, der sich auch in der Erarbeitung von Standards betätigt. (Institute of Electrical and Electronics Engineers)

Internet-Router Elektronikgerät, das die Verbindung zwischen einem Heimnetzwerk und dem Internet herstellt.

IP-Adresse Mit dieser eindeutigen Adresse ist jeder Computer im Internet identifizierbar.

ISDN Digitales Übermittlungsverfahren, das verschiedene Dienste wie Telefonie oder Datenaustausch weltweit standardisiert ermöglicht. (Integrated Services Digital Network)

ISO ist die internationale Vereinigung der Standardisierungsgremien von 148 Ländern unter dem Dach der Vereinten Nationen (UN). (International Organization for Standardization)

Linux Unter Linux wird heute allgemein ein frei verfügbares und portables Betriebssystem für Computer verstanden.

MB Mega Byte

Mensch-Maschine-Interface Mensch-Maschine-Schnittstelle; eine Benutzungsschnittstelle ist der Teil eines Programms, der den Datenaustausch mit dem Benutzer durchführt.

Mikroprozessor Ein Mikroprozessor ist ein elektronisches Rechenwerk auf einem Chip, welches mit Befehlen in Maschinensprache gesteuert werden kann.

MP3 ist eine Abkürzung für MPEG-Audio-Layer-3. Das MP3-Format dient dazu, Audiodateien nahezu in CD-Qualität sehr platzsparend zu speichern.

MS-DOS ist das erste Mikrocomputer Betriebssystem der Firma Microsoft, Vorläufer von Windows. (Microsoft Disc Operating System)

MYDOOM Computer-Virus

OS/2 ist ein Mikrocomputer Betriebssystem der Firma IBM.

Pervasive Computing bezeichnet die alles durchdringende Vernetzung von „intelligenten" Gegenständen des Alltags. (Lat.: pervadere = durchdringen)

Plug&Play bezeichnet ein Verfahren, welches dazu führt, dass neu gekaufte Hardware in den Rechner eingebaut und vom Betriebssystem direkt erkannt und ohne Einstellarbeiten eingebunden wird.

RAM Arbeitsspeicher von Computern (Random Access Memory)

SASSER Computer-Virus

S-ATA Serial ATA (*S-ATA*) ist ein hauptsächlich für den Datenaustausch zwischen Prozessor und Festplatte entwickelter Datenbus.

Scrollbalken Durch das „Herunterscrollen" dieses seitlichen Bildschirmbalkens kann der Text eines Dokumentes oder einer Website vollständig angesehen werden. (Engl.: to scroll = rollen, blättern)

Slider ein virtueller Schieberegler auf dem Bildschirm

Smart Device Begriff für ein Bauelement, System oder Gerät, das über eine gewisse ‚Intelligenz' verfügt.

Smartphone Multifunktionales Mobiltelefon, welches neben der Telefonfunktion weitere Funktionen wie Adress- und Terminverwaltung, E-Mail Versand, Sprachrecorder, Kamerafunktion, MP3-Player etc. bietet.

Software-Engineering Lehre von der ingenieurmäßigen Erstellung der Software

TCP/IP das Datenübertragungsprotokoll des Internets

Touchpad berührungsempfindliches Sensorfeld zur Steuerung der Computermaus bei Notebooks

Touchscreen berührungsempfindlicher Computerbildschirm, bei dem man durch Berühren des Bildschirms Funktionen auslösen kann.

Trial-and-error Unter Versuch und Irrtum (engl.: trial and error) versteht man eine Problemlösungsmethode, bei der so lange zulässige Lösungsmöglichkeiten probiert werden, bis die gewünschte Lösung gefunden ist.

Ubiquitous Computing eine allgegenwärtige Informationsverarbeitung (lat.: ubique = überall)

UMTS digitaler Mobilfunkstandard der so genannten dritten Generation (Universal Mobile Telecommunication System)

UML bezeichnet eine international standardisierte Modellierungssprache. (Unified Modelling Language)

Usability engl. Ausdruck für Bedienbarkeit, Benutzerfreundlichkeit

Useware in Analogie zur Hard- und Software werden unter Useware alle Hard- und Softwarekomponenten eines technischen Systems verstanden, die der Benutzung dienen.

Useware-Engineering Lehre von der ingenieurmäßigen Erstellung der Useware

USB Eine serielle Computerschnittstelle, die das Anschließen eines USB-Gerätes ermöglicht. (Universal Serial Bus)

visiCalc war das erste Tabellenkalkulationsprogramm für Personal Computer

VGA Bildschirmstandard für PC's (Video Graphics Array)

WLAN drahtloses lokales Netzwerk (Wireless Local Area Network)

XML bezeichnet eine standardisierte Programmiersprache zur Beschreibung strukturierter Daten. (eXtensible Markup Language)

Der Krieg der Knöpfe

1 Wenda, Heidemarie, „Gebrauchsgegenstände und technische Geräte im Haushalt", in: Nutzergerechte Produkte & Dienstleistungen – Service für Ältere?, Bundesarbeitsgemeinschaft der Senioren-Organisationen BAGSO e. V. (Hg.), Bonn 2004.

You drive me crazy

1 Raskin, Jef, „uDrive me crazy", Popular Science Magazine 2004.

Hier spricht der Automat

1 Siehe dazu auch www.packstation.de

2 Norman, Donald A., The invisible computer. Why good products can fail, the personal computer is so complex, and information appliances are the solution, Cambridge 2002.

3 Krauss, Lutz, Entwicklung und Evaluation einer Methodik zur Untersuchung von Interaktionsgeräten für Maschinen- und Prozessbediensysteme mit grafischen Benutzungsoberflächen, pak Fortschritt-Bericht, Band 7, Kaiserslautern 2003.

4 Womack, James P., Jones, Daniel T., Roos, Daniel, Die zweite Revolution in der Automobilindustrie. Konsequenzen aus der weltweiten Studie des Massachusetts Institute of Technology, Frankfurt 1992.

Der Trend zum Zweitbuch

1 Pierce, Guy, „Die Kunst der Einfachheit", in: Pictures of the Future, Die Zeitschrift für Forschung und Innovation, Siemens AG (Hg.), 2001, S. 32 f.

Der intelligente Versager

1 Moore, Gordon E., „Cramming more components onto integrated circuits", in: Electronics, 38 (8), 1965.
2 Buxton, William, „Less is More (More or Less)", in: The Invisible Future, Denning, J. (Hg.), New York 2001.
3 Rasmussen, Jens, Information Processing and Human-Machine Interaction, New York 1986.
4 Norman, Donald A., Dinge des Alltags. Gutes Design und Psychologie für Gebrauchsgegenstände, Frankfurt 1989.
5 Littek, Frank, Technik und Sicherheit von Passagierflugzeugen, Stuttgart 2003.
6 Dörner, Dietrich: Die Logik des Misslingens. Strategisches Denken in komplexen Situationen, Hamburg 1992.
7 Wechsler, David, Die Messung der Intelligenz Erwachsener, Bern 1964.
8 Goleman, Daniel, Emotionale Intelligenz – EQ, München 1997.
9 Gardner, Howard, Intelligenzen. Die Vielfalt des menschlichen Geistes, Stuttgart 2002.

Wie fühlen Sie sich heute

1 Wassmann, Claudia, Die Macht der Emotionen. Wie Gefühle unser Denken und Handeln beeinflussen, Darmstadt 2002.
2 Roth, Gerhard, Aus Sicht des Gehirns, Frankfurt 2003.
3 Luczak, Holger, Rötting, Matthias, Schmidt, Ludger, „PALAVER – Talking to Technical Devices", in: Proceedings of the International Conference on Affective Human Factors Design, London 2001, S. 349–355.
4 Stork, David G., HAL's Legacy – 2001's computer as dream and reality, Boston 1998.
5 Cassell, Justine, Embodied Conversational Agents, Boston 2000.

6 Röse, Kerstin, Methodik zur Gestaltung interkultureller Mensch-Maschine-Systeme, pak Fortschritt-Bericht, Band 5, Kaiserslautern 2002.

Ein dummer Kunde ist ein besserer Kunde

1 Kotler, Philip, Bliemel, Friedhelm, Marketing-Management, 10. Auflage, Stuttgart 2001.

2 Maslow, Abraham H., Toward a Psychology of Being, 3. Auflage, New York 1998.

3 Rogers, Everett M., Diffusion of Innovations, 5. Auflage, New York 2003.

Home, smart home

1 Mattern, Friedemann, Total vernetzt, Berlin 2003.

2 Kozuch, Michael, Satyanarayanan, Mahadev, Internet Suspend/Resume, Proc. of the 4th IEEE Workshop on Mobile Computing Systems and Applications, Calicoon, NY 2002.

Just do it

1 Zühlke, Detlef, Useware-Engineering für technische Systeme, Berlin 2004.